医疗器械类专业实训教材

常用医疗器械设备原理与维护实训

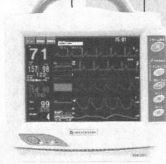

U0242367

主　编　王文静（安徽医学高等专科学校）

副主编　乔　忠（安徽医学高等专科学校）

　　　　刘　原（安徽医学高等专科学校）

东南大学出版社

SOUTHEAST UNIVERSITY PRESS

·南京·

图书在版编目（CIP）数据

常用医疗器械设备原理与维护实训 / 王文静主编 .
—南京：东南大学出版社，2015.5（2024.8 重印）
ISBN 978 - 7 - 5641 - 5676 - 3

Ⅰ.①常…　Ⅱ.①王…　Ⅲ.①医疗器械—理论 ②医疗
器械—维修　Ⅳ.① TH77

中国版本图书馆 CIP 数据核字（2015）第 084645 号

常用医疗器械设备原理与维护实训

出版发行	东南大学出版社
出 版 人	江建中
社　　址	南京市四牌楼 2 号（邮编 210096）
印　　刷	江苏凤凰数码印务有限公司
经　　销	全国各地新华书店
开　　本	787 mm×1092 mm　1/16
印　　张	18.5
字　　数	467 千字
版 印 次	2015 年 5 月第 1 版　2024 年 8 月第 5 次印刷
印　　数	2501—3000 册
书　　号	ISBN 978-7-5641-5676-3
定　　价	45.00 元

* 东大版图书若有印装质量问题，请直接向营销部调换。电话：025-83791830。

常用医疗器械类专业实训教材
编写委员会

主　编　王文静

副主编　乔　忠　刘　原

编　者（按姓氏笔画排序）

　　　　　王文静　安徽医学高等专科学校

　　　　　朱　全　安徽医科大学第二附属医院

　　　　　乔　忠　安徽医学高等专科学校

　　　　　乔学增　安徽医学高等专科学校

　　　　　刘　原　安徽医学高等专科学校

　　　　　李加荣　安徽医科大学第二附属医院

　　　　　李　想　合肥市第四人民医院

　　　　　陆启芳　安徽医学高等专科学校

　　　　　查偕龙　合肥金领汇电子设备有限公司

常用医疗器械设备原理与维护实训

前 言

2012年6月，教育部印发《国家教育事业发展第十二个五年规划》，特别提出"高等职业教育重点培养产业转型升级和企业技术创新需要的发展型、复合型和创新型的技术技能人才"。这就要求高职医疗电子工程专业根据职业能力需求培养人才，密切联系实际，通过项目导向、任务驱动的方式，将教学内容设计成技能型的训练项目，实施教、学、做、练一体化的项目化、模块化的教学，达到职业意识与职业技能的综合培养目标。

实践是工程最本质的属性。本实训指导书遵循这一原则，依据医疗电子工程专业人才培养目标，将专业课程中的实训任务归纳到包括医用电子仪器、检验仪器、X线设备、X线放射技术、超声设备、医用制冷技术以及计算机组装技术等在内的八个项目中，以便于开展模块化实训教学。

本书在编写过程中，为了实现理论与实践有效地结合，使之更具有实践性，还邀请了具有丰富经验的临床医学工程师参加指导和编写。同时还参考、借鉴了部分已出版的教材和有关著作的许多有益的内容，在此谨向有关作者和出版社表示感谢。

希望这本书能帮助医疗器械类高职学生系统掌握常用医疗器械的原理和维护技能，同时也帮助医疗器械从业人员更高效地开展工作。

本教材是编者根据历年从事医疗器械教学和研究有关方面的内容后整理汇编而成，具体章节编写分工如下：王文静（项目三）、乔忠（项目一）、刘原（项目六）、乔学增（项目八）、陆启芳（项目四）、李想（项目七）、李加荣（项目二）、朱全（项目五）、查偕龙（项目二、三）。

鉴于编者水平和能力有限，书中错误和疏漏之处在所难免，敬请读者指正，以利于我们进一步改进和完善。

编　者

2014 年 11 月 26 日

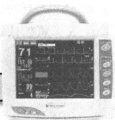

目 录

项目一　医用电子仪器设备实训

实训一　多参数监护仪教学平台的使用

 **实训目标**

1. 知识目标

（1）熟悉多参数监护仪教学平台的使用方法。

（2）了解多参数监护仪教学平台的功能模块。

2. 技能目标

（1）熟练掌握多参数监护仪教学平台的使用方法。

（2）熟练掌握多参数监护仪教学平台的模块功能。

实训相关知识

　　多生理参数监护仪是一种用来对危重病人的众多生理（或生化）参数进行连续、长时间、自动、实时监测，并经分析处理后实现多类别的自动报警、自动记录的监护装置。其目的不仅是为了减轻医务人员的劳动强度，提高护理的工作效率，更重要的是可用来随时了解患者的病情，在出现危急情况时可及时报警和处理，提高护理质量，大幅度降低危重病人的死亡率。图1-1为多生理参数床边监护仪。

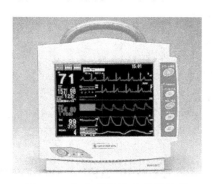

图1-1　多生理参数床边监护仪

多生理参数床边监护仪通常由信号采集、信号处理和信号显示与输出三大部分组成，见图1-2。

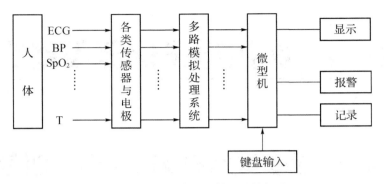

图1-2　多生理参数监护仪结构框图

信号采集部分包括各类传感器和电极。根据各种生命指征，诸如生物电量（ECG，EEG，EMG，EDG，EGG等）和各类非生物电量（血压、血氧饱和度、脉搏、体温、呼吸、心输出量、血气等）的特征，合理地选用电极与传感器自人体提取各类生理和生化信息，往往起到关键作用，针对各类传感器的需要配用相关的检测电路（电桥、振荡电路等）。

信号处理部分一般包括模拟信号处理（放大、滤波、校正、变换、匹配、抗干扰等）和数字信号处理（计算、滤波、变换、分析、识别、分类等）两部分，前者往往采用硬件（电子电路）来完成，后者采用计算机软件来实现。信号的显示、记录与报警部分是仪器的输出装置，是监护仪与使用者进行信息交换的部分。其中大部分采用CRT显示或液晶屏显示各类波形、文字、数字和统计曲线，并可提供图形或色光报警信息；用扬声器可提供声报警；各类记录仪可将被监护参数及趋势图记录、拷贝，作为永久记录存档或进一步由医生分析判别。图1-3给出了典型多生理参数监护仪的两种CRT显示界面，显示了ECG波形、心率（HR）、心输出量（CO）、有创血压（AP、PA）、无创血压（NP）、氧饱和度（SO$_2$）以及体温T等多种生理参数的指示值和病人的其他相关信息。

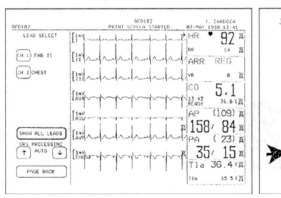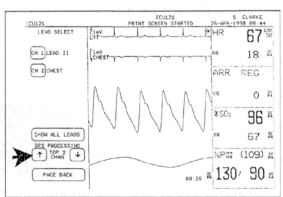

图1-3　多生理参数床边监护仪的CRT显示界面

多生理参数监护仪往往需监护两类以上的生理和生化参数,常被监测的生理参数有:

① ECG;

②有创血压;

③无创血压;

④血氧饱和度;

⑤呼吸波与呼吸率;

⑥体温;

⑦心输出量。

监护仪的主要技术指标包括:测量范围、灵敏度、线性度、漂移、分辨率、频率响应等。

实训器材

多参数监护仪教学平台如图 1-4。

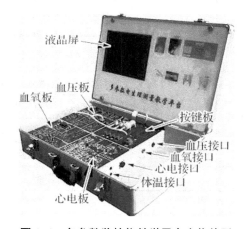

图 1-4   多参数监护仪教学平台实物外形

实训内容

教学平台共有 5 个接口,分别是 1 个心电接口、2 个体温接口、1 个血压接口、1 个血氧接口,通过这些接口连接电极和传感器采集信号,如图 1-5 所示。采集到的信号通过测量模块板与主控制器进行处理,由液晶屏显示处理后的波形和参数数据。

 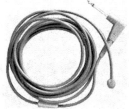  

（a）心电导联　　　　（b）体温探头　　　　（c）血压袖带　　　　（d）血氧探头

图 1-5   教学平台所需外部电极和传感器

3

测量模块板上设计有测试点、调整点和故障点,具体内容如表1-1所示。

表1-1 教学平台包含的电生理信号处理关键节点

序　号	所在区域	功能说明
1	心电	导联Ⅰ信号测试点
2	心电	导联Ⅱ信号测试点
3	心电	导联Ⅲ信号测试点
4	心电	胸导联信号测试点
5	心电	呼吸信号测试点
6	心电	体温信号测试点
7	无创血压	实时压力参数调整点
8	无创血压	婴儿过压保护参数调整点
9	无创血压	成人过压保护参数调整点
10	血氧	前置放大信号故障点/测试点
11	血氧	探头红外光驱动信号故障点/测试点
12	血氧	探头红光驱动信号故障点/测试点
13	血氧	2.5 V 电压源信号故障点/测试点
14	血氧	A/D 输入端模拟信号故障点/测试点
15	血氧	A/D 输出端数字信号故障点/测试点
16	血氧	探头 LED 发光强度控制信号故障点/测试点

1. 控制面板

图1-6为按键板上的控制面板,"血压测量键"按下一次可进行一次手动无创血压测量;"波形冻结键"按下一次将波形冻结,再按下一次继续采集波形并绘制;"报警静音键"按下一次报警声音关闭,系统主界面状态栏报警区显示"报警静音",报警提示继续显示;"报警暂停键"按下一次报警暂停,系统主界面状态栏报警区显示"报警暂停",报警提示停止显示;"功能旋钮"可进行控件上下跳转,或控件内选择项上下跳转。

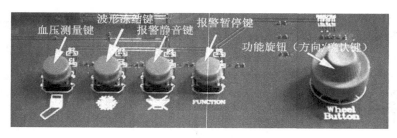

图1-6 控制面板示意图

2.电生理信号测量

（1）心电测量

系统启动后连接心电导联线,心电导联线连接方法如图1-7所示,图1-7(a)为连接模拟人测量,图1-7(b)为连接心电模拟仪测量。开始测量,系统自动进行心电数据采集。心电波形可显示于系统主界面波形区,心电参数可显示于系统主界面参数区。同时可测量出呼吸波形及其参数。

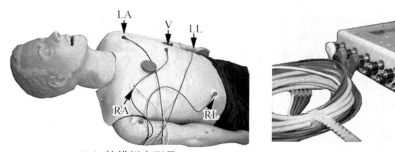

（a）接模拟人测量　　　　　　　　　（b）接心电模拟仪测量

图 1-7　心电导联线连接方法

（2）体温测量

系统启动后与人体连接好体温探头,开始测量,系统自动进行体温数据采集,参数可显示于系统主界面参数区。

（3）无创血压测量

系统启动后连接袖带,袖带连接方法如图1-8所示,图1-8(a)为连接人体手臂测量,图1-8(b)为连接血压模拟仪测量。手动测量可按控制面板上的"血压测量键",按下一次"血压测量键",开始血压测量。自动测量需对系统进行血压自动测量设置,完成后血压进入自动测量模式。测量时系统主界面参数区实时显示血压值,测量后血压参数显示在系统主界面参数区。

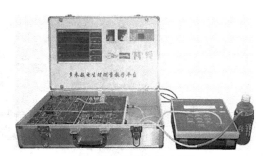

（a）接人体手臂测量　　　　　　　　　（b）接血压模拟仪测量

图 1-8　袖带连接方法

（4）血氧测量

系统启动后连接血氧探头,血氧探头连接方法如图1-9所示,图1-9(a)为连接手指测量,图 1-9(b)为连接血氧模拟仪测量。开始测量,系统自动进行血氧数据采集。

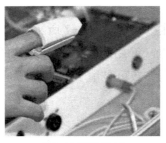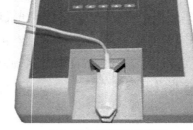

(a)接手指测量　　　　　　　　　　(b)接血氧模拟仪测量

图 1-9　血氧探头连接方法

3. 电生理信号处理关键节点操作

(1)测试点操作

可用表笔接触金属环进行测试,如图 1-10(a)所示,或用导电夹夹住金属环进行测试,如图 1-10(b)所示。

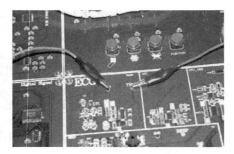

(a)用表笔接触金属环　　　　　　(b)用导电夹夹住金属环

图 1-10　测试点操作示意图

(2)调整点操作

可用小型螺丝刀对电位器进行旋转调节,完成电参数调整,如图 1-11 所示。

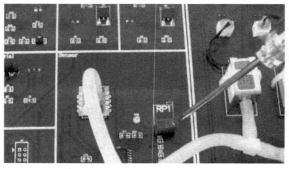

图 1-11　精密电位器操作示意图

(3)故障点操作

对故障点操作时,可以从插针上拔出,如图 1-12(a)所示,或插入,如图 1-12(b)所示。故障点是否产生故障是由跳线帽的位置决定的,例如,跳线帽接通左侧两个插针为非故障,接通右侧两个插针为故障。

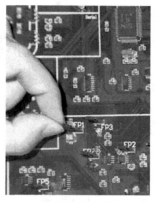

（a）从插针上拔出　　　　　　（b）向插针上插入

图 1-12　故障点操作示意图

 思 考 题

1. 多参数监护仪教学平台有哪些功能模块?

2. 多生理参数监护仪常被监测的生理参数有哪些?

实训二 心电信号分析实验

实训目标

1. 知识目标

（1）掌握心电信号检测电路的原理。

（2）熟悉各导联心电信号的特征。

2. 技能目标

（1）熟练掌握常用仪器的使用方法。

（2）熟练掌握常见电路的检测方法。

实训相关知识

心电模块电路包括电源供电电路、心电检测电路、呼吸检测电路、体温检测电路、ADC 电路、ARM 控制电路。具体的印制电路板如图 1-13 所示。

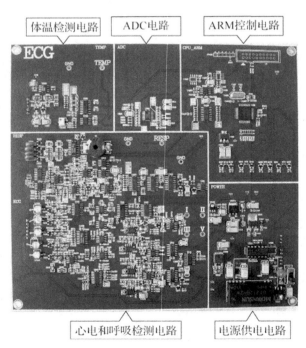

图 1-13 心电模块印制电路板

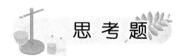

实训器材

1. 多参数监护仪教学平台一套或心电单板系列一套。
2. 心电信号模拟仪一台或心电电极片若干。
3. 示波器一台。

实训内容

步骤1：插上教学平台总电源。

步骤2：打开教学平台左侧的开关（或给心电单板通电），使系统通电，此时心电模块电路电源指示灯点亮。

步骤3：插上心电导联探头。

步骤4：打开心电信号模拟仪电源开关，将心电导联探头连接到心电信号模拟仪，或让实验被测者平坐或者平躺，保持身体和情绪稳定，在实验被测者的身上按照正确位置贴上心电电极片（注意在贴电极片前，用电极片上自带的磨砂纸对皮肤进行清洁处理以减少测量误差），再将心电导联探头连接在电极片上。

步骤5：测量心电导联信号测试点Ⅰ、Ⅱ、Ⅲ、Ⅴ的信号波形，并记录示波器上的波形。

步骤6：在记录下来的心电信号波形上分别找出一个心电周期的P波、QRS群、T波和U波并作标记，同时对比观察教学平台液晶屏上相应的心电信号波形。

思考题

1. 心电信号阻抗高、幅度小、频率低，检测电路如何满足这些需求？
2. 给出一种用于心电信号采集的滤波电路。

实训三　呼吸信号分析实验

实训目标

1.知识目标

（1）掌握呼吸信号检测电路的原理。

（2）熟悉呼吸信号的特征。

2.技能目标

（1）熟练掌握常用仪器的使用方法。

（2）熟练掌握常见电路的检测方法。

实训相关知识

同"实训二"。

实训器材

1.多参数监护仪教学平台一套或心电单板系列一套。

2.心电电极片若干。

3.示波器一台。

实训内容

步骤1：插上教学平台总电源。

步骤2：打开教学平台左侧的开关（或给心电单板通电），使系统通电，此时心电模块电路电源指示灯点亮。

步骤3：插上心电导联探头。

步骤4：让实验被测者平坐或者躺下，保持身体和情绪稳定，在实验被测者的身上按照正确位置贴上心电电极片（注意在贴电极片前，用电极片上自带的磨砂纸对皮肤进行清洁处理以减小测量误差），再将心电导联探头连接到电极片上（注意心电电路和呼吸电路共用部分导联电极）。

步骤5：保持正常均匀呼吸，测量呼吸信号测试点的信号波形，并记录示波器上的波形。

步骤 6：改变呼吸节奏,同时观察教学平台液晶屏上显示的呼吸波形有何变化。

思 考 题

1. 试给出呼吸波检测的电路原理。

2. 呼吸波检测电路中如何抵消快速瞬变脉冲干扰？

实训四 体温信号分析实验

实训目标

1. 知识目标

（1）掌握体温信号检测电路的原理。

（2）熟悉体温测量过程。

2. 技能目标

（1）熟练掌握常用仪器的使用方法。

（2）熟练掌握常见电路的检测方法。

实训相关知识

同"实训二"。

实训器材

1. 多参数监护仪教学平台一套或心电单板系列一套。

2. 示波器一台。

实训内容

步骤1：插上教学平台总电源。

步骤2：打开教学平台左侧的开关（或给心电单板通电），使系统通电,此时心电模块电路电源指示灯点亮。

步骤3：插上体温探头。

步骤4：将体温探头与人体正确连接。

步骤5：测量体温信号测试点并观察信号波形有何变化。

思考题

1. 体温传感器在不同温度范围内线性度是一样的吗？试通过测量比较在哪个温度范围内线性度最佳。

2. 试给出常用体温测量电路的工作原理、优缺点和适用范围。

实训五　实时血压校准实验

实训目标

1. 知识目标
（1）掌握血压测量的原理。
（2）熟悉血压校准的过程。
2. 技能目标
（1）熟练掌握常用仪器的使用方法。
（2）熟练掌握常见电路的检测方法。

实训相关知识

无创血压模块电路包括电源供电电路、电压变换电路（-5 V、3.3 V、2.5 V、6 V）、过压保护电路、ADC 电路、ARM 控制电路、气泵驱动电路、气阀驱动电路、压力传感器电路。具体的印制电路板如图 1-14 所示。

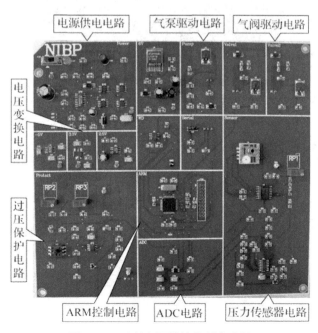

图 1-14　无创血压模块印制电路板

实训器材

1. 多参数监护仪教学平台一套或血压单板系列一套。

2. 血压模拟仪一台。

3. 万用表一块。

4. 一字螺丝刀一把。

实训内容

步骤 1：插上教学平台总电源。

步骤 2：打开教学平台左侧的开关（或给血压单板通电），使系统通电，此时血压模块电路电源指示灯点亮。

步骤 3：将血压模拟仪通过气管连接到血压测量接口上。

步骤 4：在屏幕菜单上设置 NIBP 下的"压力校准"选项。

步骤 5：充气到 150 mmHg（20 kPa），用小一字螺丝刀调整电位器 RP1，如图 1-15 所示，使液晶屏显示的实时压力值为 150 mmHg±1 mmHg（20 kPa±0.13 kPa）。

图 1-15　精密电位器 RP1

 思 考 题

1. 在无创血压测量中，校准的方法及必要的校准参数有哪些？

2. 影响无创血压测量准确度的因素有哪些？

实训六 婴儿过压保护实验

实训目标

1. 知识目标

（1）掌握血压测量的原理。

（2）熟悉过压保护的方法。

2. 技能目标

（1）熟练掌握常用仪器的使用方法。

（2）熟练掌握常见电路的检测方法。

实训相关知识

同"实训五"。

实训器材

1. 多参数监护仪教学平台一套或血压单板系列一套。

2. 血压模拟仪一台。

3. 万用表一块。

4. 一字螺丝刀一把。

实训内容

步骤1：插上教学平台总电源。

步骤2：打开教学平台左侧的开关（或给血压单板通电），使系统通电，此时血压模块电路电源指示灯点亮。

步骤3：用气管连接传感器 U12 和模拟仪，如图1-16所示。

步骤4：按下"菜单键"，设置 NIBP 下的测量对象为婴儿。

步骤5：用模拟仪充气到 149 mmHg±1 mmHg（即

图1-16 压力传感器 U12

19.87 kPa±0.13 kPa),用数字万用表测量 TP7 的对地(GND)电压,具体位置如图 1-17 所示。

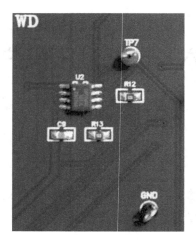

图 1-17　ARM 复位信号测试点 TP7

如果测量出 TP7 的电压为 3.3 V,用小一字螺丝刀调节电位器 RP2,具体位置如图 1-18 所示,使 TP7 的电压刚好在 150 mmHg 时跳变,即由 0 V 到 3.3 V 或由 3.3 V 到 0 V。

图 1-18　精密电位器 RP2

步骤 6:调整好之后,再进行验证。放气使 TP7 的电压为 3.3 V,逐渐加气,测量 TP7 的电压,观察其电压跳变点(3.3 V 到 0 V)是否在 148 mmHg ～ 150 mmHg(19.73 kPa ～ 20 kPa),如果不在此范围重新返回步骤 5 进行调节,直到满足要求为止。

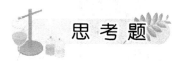

思 考 题

1. 婴儿过压保护的主要作用是什么?

2. 过压保护是否需要软硬件双重措施?

实训七　成人过压保护实验

实训目标

1. 知识目标

（1）掌握血压测量的原理。

（2）熟悉过压保护的方法。

2. 技能目标

（1）熟练掌握常用仪器的使用方法。

（2）熟练掌握常见电路的检测方法。

实训相关知识

同"实训五"。

实训器材

1. 多参数监护仪教学平台一套或血压单板系列一套。

2. 血压模拟仪一台。

3. 万用表一块。

4. 一字螺丝刀一把。

实训内容

步骤 1：插上教学平台总电源。

步骤 2：打开教学平台左侧的开关（或给血压单板通电），使系统通电，此时血压模块电路电源指示灯点亮。

步骤 3：用气管连接传感器 U12 和模拟仪。

步骤 4：按下"菜单键"，设置 NIBP 下的测量对象为成人。

步骤 5：用模拟仪充气到 295 mmHg±3 mmHg（39.33 kPa±0.4 kPa），用数字万用表测量 TP7 对地（GND）的电压，如果测量出 TP7 的电压为 3.3 V，用小一字螺丝刀调节电位器 RP3，具体位置如图 1-19 所示，使 TP7 的电压刚好在 295 mmHg 时跳变，即由 0 V 到 3.3 V 或由 3.3 V 到 0 V。

图 1-19　精密电位器 RP3

18

步骤 6：调整好之后，再进行验证。放气使 TP7 的电压为 3.3 V，再加气到大约 295 mmHg，看其跳变点是否在 295 mmHg±3 mmHg，如果不在此范围，重新返回"步骤 5"进行调节，直到满足要求为止。

 思 考 题

1. 试列出电压比较器的常用电路及区别。

2. 在比较器电路中常用的选择运算放大器的指标有哪些？

实训八　血氧信号前置放大实验

实训目标

1. 知识目标
（1）掌握血氧前置放大电路的工作原理。
（2）熟悉血氧前置放大电路故障的检测方法。
2. 技能目标
（1）熟练掌握常用仪器的使用方法。
（2）熟练掌握常见电路的检测方法。

实训相关知识

血氧模块电路分为模拟电路部分和数字电路部分。模拟电路部分主要包括血氧信号的前置放大电路、电源供电和电压变换电路、ADC 电路等；数字电路部分主要完成模、数转换后数字信号的处理以及各芯片的片选和时序控制等。具体的印制电路板如图 1-20 所示。

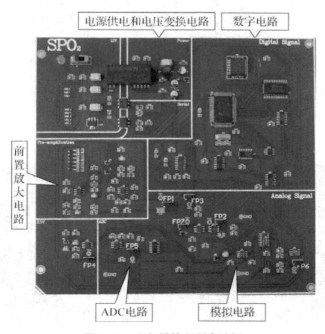

图 1-20　血氧模块印制电路板

实训器材

1. 多参数监护仪教学平台一套或血氧单板系列一套。
2. 示波器一台。

实训内容

1. 故障现象

开机后,液晶屏血氧波形部分显示有杂波,但并无手指或者模拟仪接入,检查血氧探头,此时可以发现,血氧探头空载闭合时,红灯常亮。

2. 操作步骤

步骤1:接通电源,查看系统是否正常启动,血氧模块电路电源指示灯是否正常亮起,连接所需要的探头和连接线。

步骤2:通过液晶屏观察到血氧探头空载时出现异常波形,血氧探头空载闭合,红灯常亮,放入手指或者接入模拟仪,此时液晶屏上血氧波形异常,为干扰杂波。

步骤3:根据故障现象分析电路,判断出故障与前置放大电路部分有关,用示波器测量前置放大电路输出信号测试点TP1,如图1-21所示。故障波形如图1-22所示。

图1-21　FP1故障状态示意图

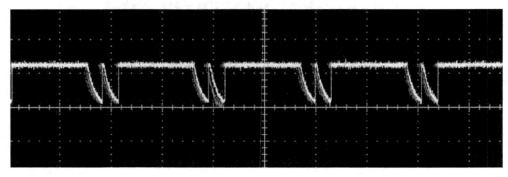

图1-22　血氧信号前置放大后的故障波形

步骤4：修复前置放大电路异常情况（调整FP1的跳线帽），如图1-23所示。再次用示波器测量前置放大电路输出信号测试点TP1，波形如图1-24所示。

图1-23　FP1正常状态示意图

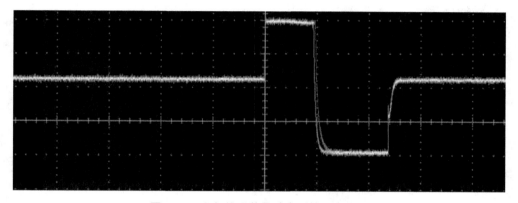

图1-24　血氧信号前置放大后的正常波形

 思考题

1.红光和红外光有大小不同的交流分量（红光小一些），如何让前置放大电路的放大倍数满足不同光源的需求，同时运算放大器的带宽如何影响前置放大电路的性能？

2.为什么需要电流、电压转换电路？

实训九　血氧探头 LED 驱动实验

实训目标

1. 知识目标

（1）掌握血氧探头 LED 驱动电路的工作原理。

（2）熟悉血氧探头 LED 驱动电路的故障检测方法。

2. 技能目标

（1）熟练掌握常用仪器的使用方法。

（2）熟练掌握常见电路的检测方法。

实训器材

1. 多参数监护仪教学平台一套或血氧单板系列一套。

2. 示波器一台。

实训内容

1. 故障现象

开机后，血氧探头红灯不亮，血氧探头放入手指或者接入模拟仪，液晶屏血氧部分波形始终为直线。

2. 操作步骤

步骤 1：接通电源，查看系统是否正常启动，血氧模块电路电源指示灯是否正常亮起，连接所需要的探头和连接线。

步骤 2：血氧探头空载时无论开启、闭合，红灯都没有亮起，放入手指或者接入模拟仪，液晶屏上并没有血氧波形和数值出现。

步骤 3：根据故障现象分析电路，判断出故障与血氧探头 LED 驱动部分有关，闭合探头空载，用示波器测量血氧探头 LED 驱动电路测试点 TP2 和 TP3（其中 TP2 为红外光驱动信号，TP3 为红光驱动信号），如图 1-25 所示。故障波形如图 1-26 所示（示波器中上方通道的波形为红外光 LED 的驱动信号，下方通道的波形为红光 LED 的驱动信号）。

图 1-25　FP2、FP3 故障状态示意图

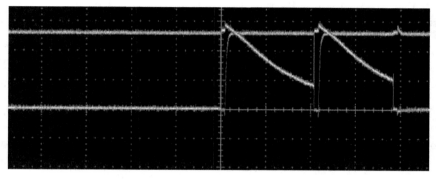

图 1-26　探头 LED 驱动故障波形

步骤 4：修复血氧探头 LED 驱动电路的异常情况（调整 FP2、FP3 的跳线帽），如图 1-27 所示。再次用示波器测量血氧探头 LED 驱动电路的测试点 TP2 和 TP3，波形如图 1-28 所示，在这两个驱动信号的作用下，红光和红外光交替点亮。

图 1-27　FP2、FP3 正常状态示意图

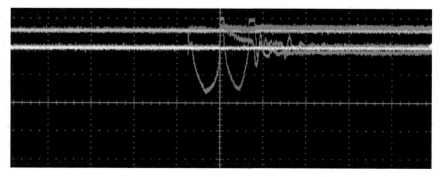

图 1-28　探头 LED 驱动正常波形

思 考 题

1. 如出现"血氧饱和度测量时好时坏,有时甚至测不出"的现象,如何从探头入手寻找故障源?

2. 探头中的光源为什么采用脉冲驱动?

实训十 血氧探头 LED 发光强度控制实验

实训目标

1.知识目标

（1）掌握血氧探头 LED 发光强度控制电路的工作原理。

（2）熟悉血氧探头 LED 发光强度控制电路的故障检测方法。

2.技能目标

（1）熟练掌握常用仪器的使用方法。

（2）熟练掌握常见电路的检测方法。

实训器材

1.多参数监护仪教学平台一套或血氧单板系列一套。

2.示波器一台。

实训内容

1.故障现象

开机后,无论血氧探头闭合还是开启,红灯都不亮,血氧探头放入手指或者接入模拟仪,液晶屏血氧部分无波形显示。

2.操作步骤

步骤 1:接通电源,查看系统是否正常启动,血氧模块电路的电源指示灯是否正常亮起,连接所需要的探头和连接线。

步骤 2:无论血氧探头闭合还是开启,红灯都不亮,放入手指或者接入模拟仪,液晶屏上并没有血氧波形和数值出现。

步骤 3:根据故障现象分析电路,判断出故障与血氧探头 LED 发光强度控制部分有关,闭合探头空载,用示波器测量血氧探头 LED 发光强度控制电路测试点 TP7,如图 1-29 所示。故障波形如图 1-30 所示。

图 1-29　FP7 故障状态示意图

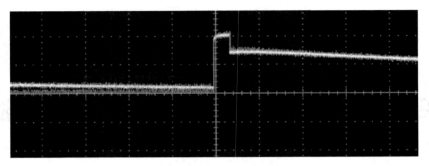

图1-30　LED发光强度控制信号的故障波形

步骤4：修复血氧探头LED发光强度控制电路的异常情况（调整FP7的跳线帽），如图1-31所示。再次用示波器测量血氧探头LED发光强度控制电路测试点TP7，波形如图1-32所示。

图1-31　FP7正常状态示意图

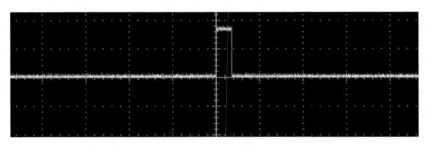

图1-32　LED发光强度控制信号的正常波形

思考题

1. 通过数字电位器实现阻抗滑动的好处是什么？
2. 试分析影响探头测量准确度的因素有哪些？

实训十一 血氧电源电路(+2.5 V)

实训目标

1.知识目标

（1）掌握血氧电源电路（+2.5 V）的工作原理。

（2）熟悉血氧电源电路（+2.5 V）的故障检测方法。

2.技能目标

（1）熟练掌握常用仪器的使用方法。

（2）熟练掌握常见电路的检测方法。

实训器材

1.多参数监护仪教学平台一套或血氧单板系列一套。

2.示波器一台。

3.万用表一块。

实训内容

1.故障现象

开机后,闭合探头空载,红灯闪烁频率较正常状态慢,血氧探头空载开启时,红灯极其昏暗,血氧探头放入手指或者接入模拟仪,液晶屏血氧部分无波形绘制。

2.操作步骤

步骤1：打开电源,查看系统是否正常启动,血氧模块电路电源指示灯是否正常亮起,连接所需要的探头和连接线。

步骤2：无论血氧探头闭合还是开启,红灯都不亮,放入手指或者接入模拟仪,液晶屏上并没有血氧波形和数值出现。

步骤3：根据故障现象分析电路,判断出故障与血氧电源电路（+2.5 V）部分有关,闭合探头空载,用示波器或万用表测量血氧电源电路（+2.5 V）测试点 TP4 的电压,如图 1-33 所示。

图 1-33 FP4 故障状态示意图

步骤 4：修复血氧电源电路（+2.5 V）异常情况（调整 FP4 的跳线帽），如图 1-34 所示。再次测量测试点 TP4 的电压，并分别测量和观察其他测试点（如数字信号输出端 TP6）的信号波形有何变化。

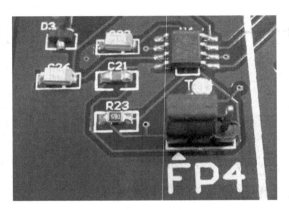

图 1-34　FP4 正常状态示意图

 思 考 题

1. 参考电压电路中为什么要有缓冲器电路？

2. 如何选择基准电压芯片？

实训十二　血氧信号 A/D 转换实验

实训目标

1. 知识目标

（1）掌握血氧信号 A/D 转换电路的工作原理。

（2）熟悉血氧信号 A/D 转换电路的故障检测方法。

2. 技能目标

（1）熟练掌握常用仪器的使用方法。

（2）熟练掌握常见电路的检测方法。

实训器材

1. 多参数监护仪教学平台一套或血氧单板系列一套。

2. 示波器一台。

实训内容

1. 故障现象

开机后,开启血氧探头,红灯极其昏暗,放入手指或者接入模拟仪,液晶屏血氧部分无波形显示。

2. 操作步骤

步骤 1：接通电源,查看系统是否正常启动,血氧模块电路的电源指示灯是否正常亮起,连接所需要的探头和连接线。

步骤 2：血氧探头空载开启,红灯极其昏暗,放入手指或者接入模拟仪,液晶屏上并没有血氧波形和数值出现。

步骤 3：根据故障现象分析电路,判断出故障与血氧信号 A/D 转换电路部分有关,闭合探头空载,用示波器测量血氧信号 A/D 转换电路测试点 TP5（输入端）、TP6（输出端）,如图 1-35 所示。A/D 数字信号输出故障波形如图 1-36 所示（测试点 TP6）。

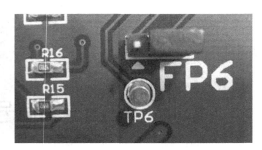

图 1-35　FP5、FP6 故障状态示意图

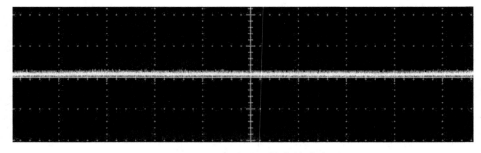

图 1-36　A/D 数字信号输出故障波形

　　步骤 4：修复血氧信号 A/D 转换电路的异常情况（调整 FP5、FP6 的跳线帽），如图 1-37 所示。再次用示波器测量血氧信号 A/D 转换电路的测试点 TP5 和 TP6，得到的波形如图 1-38 和图 1-39 所示。

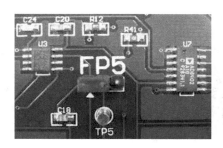

图 1-37　FP5、FP6 正常状态示意图

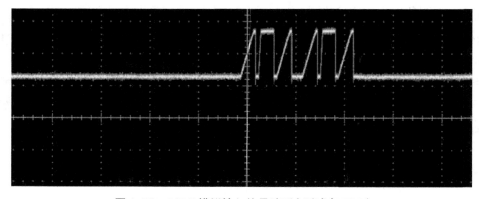

图 1-38　A/DC 模拟输入信号波形（测试点 TP5）

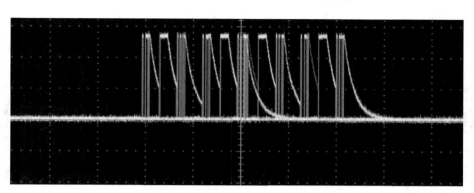

图 1-39 A/DC 输出信号正常波形（测试点 TP6）

 思 考 题

1. 血氧饱和度输出精度与哪些因素有关？

2. 试列出一些 A/D 芯片并比较性能。

项目二 医用检验仪器设备实训

实训一 全自动三分类血细胞分析仪的操作与维护

32

实训目标

1. 知识目标

（1）掌握三分类血细胞分析仪的基本组成结构及工作原理。

（2）熟悉三分类血细胞分析仪的基本操作。

2. 技能目标

（1）学会三分类血细胞分析仪的维护和保养工作。

（2）学习故障分析与故障排除技巧。

实训相关知识

三分类血细胞分析仪的总体结构分为主机部分与试剂部分。主机部分又可分成电气控制部分、数据采集及处理与液路部分等。观察主机外部结构，熟悉仪器电源开关及地线连接、计数开关、机内打印部件、数据传输及外部试剂连接的物理位置。打开主机左右两侧及前部面板，了解仪器内部电路、液路、气路的基本组成部件及布局情况。仪器外观及内部组成如图2-1所示：

图 2-1 三分类血细胞分析仪的外观及内部组成

认真阅读试剂说明书,弄清各试剂的作用,检查有效期。根据仪器背部红、绿、蓝等管路连接指示,检查稀释液、冲洗液、溶血剂及废液管路和相应液位传感器接口连接情况(注:本机溶血剂安装在机箱左侧面板内),试剂内应无杂质,确保管路通畅。如图 2-2 所示。

图 2-2　试剂连接　　　　　　图 2-3　计数界面图

开机后,观察显示界面的内容,找到包括数据显示区、图示区、状态指示区(仪器状态、当前界面模式提示、联机状态、系统时间)、故障提示区、菜单及操作信息提示区的所在位置,如图 2-3 所示。进入菜单项,了解本机菜单项的内容组成,并对分支项目作进一步了解。

本机操作界面为机外薄膜式按键。通过菜单键进入菜单项;利用上下左右按键移动光标,选择查看的项目;利用数字键进行数据输入;利用快捷键可进行上下翻页、排堵、取稀释液、清洗并测本底、模式切换、进入样本信息录入状态、打印等;主界面键为快速返回计数界面键;确认键可对所修改的参数进行确认保存。操作界面如图 2-4 所示。

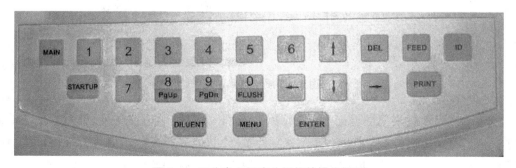

图 2-4　三分类血细胞分析仪的操作界面

 实训器材

BC-3000Plus 血细胞分析仪。

实训内容

（一）BC-3000Plus 血细胞分析仪基本认知实训

1. 血细胞分析仪的质控实训步骤

（1）质控的目的：质控是质量控制的简称。由于仪器在长期使用过程中可能产生一定程度的误差，从而导致分析结果的不可靠性。质控操作是防止误差产生的有效方法之一。常规操作中，每天应分别用高、中、低三个水平的质控物对分析仪各进行一次质控操作。如需使用新批号的质控品时，须将新批号的质控物与现有质控物一起平行使用5天，每天运行两次，所得结果应在该质控物说明书指定的参考范围之内。质控分析的方法和计算依据很多，BC-3000Plus 血液分析仪提供 L-J 质控、X̄ 质控、X̄-R 质控和 X-B 浮动均值质控。其中，除 X-B 浮动均值质控外，均需使用标准质控物进行质控操作。

（2）质控操作：通过菜单键选择质控 -+L-J 质控（或其他）→质控编辑→文件1（或其他），进入"质控编辑文件"界面。如已有前次数据，必须删除该界面下的已有质控信息，再重新输入此次质控物的有效信息，包括"批号"、"有效期"、"参考值"和"偏差限"等，并确认保存。系统进入质控计数界面（此处仅以 L-J 质控为例说明质控基本步骤，其他形式类同，可参照各质控说明进行操作）。按照样本测试步骤进行质控计数操作。每次质控计数结束后，屏幕左上角"序号／总数"的值会自动加1。图 2-5 所示为质控编辑界面。

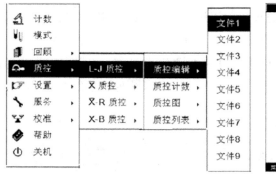 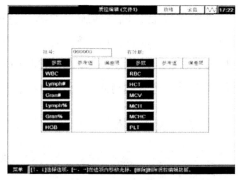

图 2-5　质控编辑界面

分析结束后，按菜单键退出"质控计数"界面。如需回顾质控结果，进入质控→L-J质控（或其他）→质控图（质控列表）→文件1（或其他），对质控结果进行分析，根据质控图中的"偏差"或质控列表中的"H"、"L"提示，进行仪器维护保养（详见"维护保养单元"）。如有异常请及时排除，确保仪器处于正常状态。图 2-6 为质控图回顾界面。

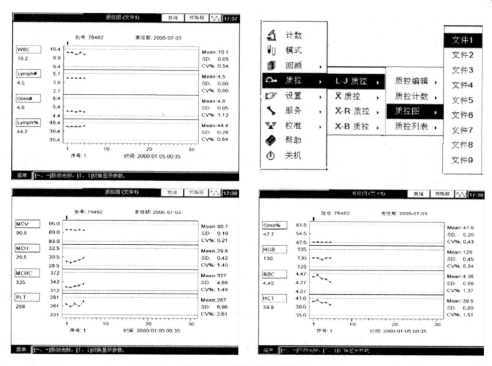

图 2-6 质控图回顾界面

2.血细胞分析仪的保养和维护实训步骤

（1）为确保仪器准确有效地运行,必须进行日常的维护与保养,同时需针对测定样本量的大小及使用环境情况,合理制定保养维护的周期。

（2）分析前保养:检查仪器所处环境,应满足必要的温湿度;本机环境温度低于15℃时,仪器报警,无法运行(温度影响稀释液与溶血剂对血细胞的作用);检查电源电压;检查试剂管路连接状况是否良好,是否有充足的试剂;倒空废液等。

（3）定期保养

①每天保养:若仪器 24 小时不关机,每天进行一次"E-Z 清洗液浸泡"操作(建议浸泡时间不小于 40 分钟),再执行清洗操作;如每天关机,则按仪器关机提示,进行"E-Z 清洗液浸泡"后关机(每天正式血样测试执行前,需进行质控分析,确定仪器状态良好后方可进行测试)。

②每 3 天保养:若仪器 24 小时不关机,每 3 天进行一次"探头清洗液浸泡"操作。

③每周保养:若仪器每天执行正常关机操作,每周进行一次"探头清洗液浸泡"操作。

④每月保养:对采样针清洁部分的拭子进行清洗,并用采样针定高器对采样针位置进行校正。对计数池上方稀释液及溶血剂管路出口处及屏蔽罩上方进行清理,清除结晶颗粒。

（4）常规维护

①若认为计数池被污染,执行"清洗计数池"操作。

②每测试300个全血样本或150个预稀释血样本,执行"探头清洁液浸泡"操作。

③样本累计全血计数2 000个或预稀释斑样本4 000个时,执行"清洗拭子"操作。

④仪器两周以上不用时,执行"打包"操作,排空并清洗所有管路中的液体,擦干仪器,置于干燥无尘环境中。

⑤仪器报"堵孔"故障时,按"排堵"键进行人工排堵,或在"菜单"中"维护"界面进行"反冲宝石孔"或"灼烧宝石孔"操作。

⑥定期进入"菜单"+"服务"+"系统检测"("阀检测"),对系统(阀门)当前状态进行软件监测,对处于监测范围边缘的项目进行必要的调整,及时发现故障隐患,杜绝故障发生。

(二)BC-3000 Plus血细胞分析仪常见故障分析及维修实训

(1)在进行BC-3000 Plus血细胞分析仪的维修工作前,需掌握该仪器的基本构成及其工作原理;熟悉该仪器的基本操作以及安装调试技术。

BC-3000 Plus三分类血细胞分析仪中管路较复杂,应实时监测血细胞分析仪的运行状态。仪器内安装有温度、压力、位置和液面等传感器。当仪器发生故障时,仪器内部软件会以不同的声、光、信息等方式进行报警提示,因此工程人员需对本机的液路系统、气路系统及电路系统的工作过程了然于心。液路部分大致分为样本采集、样本稀释、样本计数、排空清洗等几个工作过程。气路部分则可大致分为亚压建立与负压建立两大工作过程。电路部分可分为电源部分、功率板、数据采集及分析部分、系统控制部分、打印输出、数据处理软件及传输部分。

(2)在仪器维修的过程中,应尽可能详细询问使用的细节,如保养情况、近期更换的部件及其他故障发生频率等,弄清故障现象,并根据故障代码进行故障的初步分析,判断故障发生的部位和故障的类型。采用直观检查法、电阻和电压测量法、元器件及板替换法等常规检查方法,对故障进行逐一分析和排查,直至解决。为能快速准确处理BC-3000 Plus三分类血细胞分析仪的故障,请对该仪器管路系统进行系统分析。

(3)排除故障后,对仪器进行定标、样本测试和质控,确定仪器工作正常。最后整理维修数据,作好维修记录。

思考题

1.结合实训实例故障分析,分析仪器在提示气泡故障时的检修过程。

2.分析PLT数据异常的原因及维修过程。

3.简述血细胞分析仪校准与质控的意义和区别。

实训二　尿液分析仪器的维修

实训目标

1. 知识目标

（1）掌握尿液分析仪器（尿液分析仪和尿沉渣分析仪）的基本组成及结构。

（2）熟悉尿液分析仪器的基本工作原理。

2. 技能目标

（1）学会操作尿液分析仪器。

（2）学习尿液分析仪器常见故障的排除方法。

实训相关知识

尿液分析仪是用来检查人体的尿液中某些成分的含量的仪器，主要针对泌尿系统疾病如泌尿系统的炎症、结石、肿瘤，血管性疾病和肾移植等进行诊断、疗效观察和预后判断，包括物理化学检查、干化学分析试带（或称试条）检查和尿沉渣显微镜检查。检测项目包括葡萄糖、蛋白质、pH、潜血、酮体、亚硝酸盐、胆红素、尿胆素原、红细胞、白细胞等。

尿液分析仪器一般由机械系统、光学系统、电路系统和排尿液部件等组成。

实训器材

UA-600 尿液分析仪。

实训内容

（一）UA-600 尿液分析仪的基本认知操作

熟悉尿液分析仪的基本结构。如图 2-7 所示。

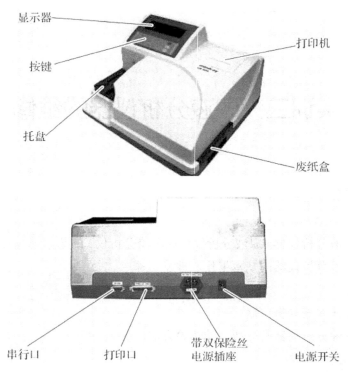

图 2-7　尿液分析仪的外观

熟悉并按图 2-8 所示的检测操作流程图操作。

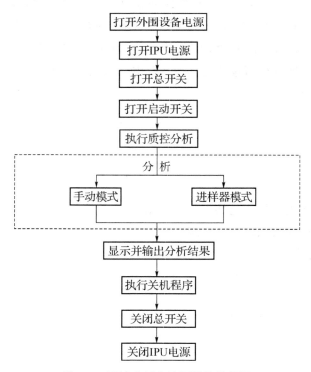

图 2-8　尿液分析仪检测操作流程图

1.准备工作

（1）检查废弃物：抛弃试纸条，倒空废液瓶。

（2）检查消耗性物品：洗涤液、记录纸。

（3）打开电源：打开主电源开关，按下待机开关开始初始化。

图 2-9 所示为开机界面，图 2-10 所示为待机画面。

图 2-9　开机界面

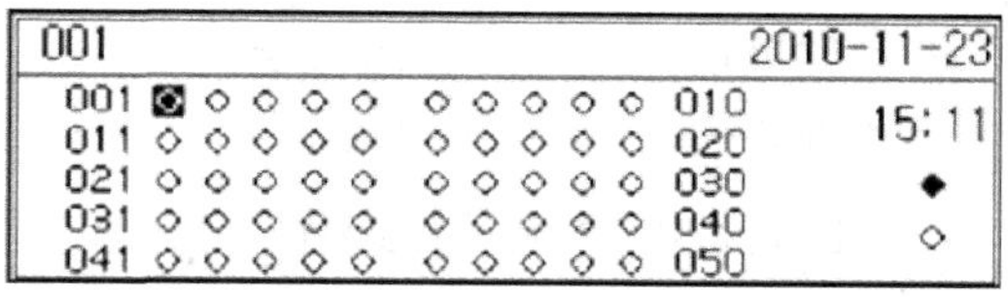

图 2-10　待机画面

（4）设置参数：试纸条类型、检测开始序号、编号、样本架输送方式、检测结果、质控检测。

（5）准备试纸条：准备试纸条，放置试纸条，放置新的干燥剂。

（6）准备样本：准备样本管，倒入样本，样本放入样本架，样本架放入引导架侧。

2.常规检测

（1）输入检测开始序号。

（2）开始检测。

（3）检测结束。

3.单个 STAT 检测

（1）准备 STAT 样本。

（2）选择 STAT 检测。

（3）设置 STAT 序号及患者识别码。

（4）开始 STAT 检测。

（5）结束 STAT 检测。

4. 成组 STAT 检测

（1）准备 STAT 样本。

（2）选择 STAT 检测。

（3）放置 STAT 检测及质控检测专用架。

（4）开始 STAT 检测。

（5）结束 STAT 检测。

5.比重校准

（1）准备试纸条。

（2）准备标准液：制备标准液低液试管，制备标准液高液试管，测定比重，放置标准液，放置样本架。

（3）进行比重校准：选择比重校准屏幕，输入比重值，开始校准，检查结果。

6. 质控检测

（1）准备试纸条。

（2）准备质控液试管。

（3）安置质控液。

（4）开始质控检测。

（5）结束质控检测。

7. 校准检测

（1）准备校准检测：清洁部件，选择校准检测，准备标准条。

（2）进行第一批校准检测。

（3）进行第二批校准检测。

（4）取下标准条。

（5）校准检测的打印输出。

（6）比较结果：当校准检测的结果在标准范围之外时，以未使用过的标准条再次校准。

（7）再次校准：当校准检测的结果在标准范围之外时，该分析仪可能需要维修。

（8）打印输出。

8. 保养和维护

（1）维护注意事项：①请佩戴防护手套以避免接触病原微生物；②按当地的有害生物废物处理规定丢弃废液，更换下来的部件及用过的纱布、棉签和手套。

（2）分类逐一维护：①日常维护；②更换消耗性部件；③定期维护；④长期不用的部件维护。

如果一周以上不用分析仪，必须按长期不用的要求做好维护，否则会有结晶形成，从而造成分析仪的损坏。长期不用时，要做到清洗比重单元、清洗洗涤槽、清洗液流路线；将没用完的试纸条放回原装瓶中拧紧盖子（在进纸器中存放超过 3 天的试纸带不能继续使用），清洗试纸条进纸器，处理废弃盒中用过的试纸条；排出过滤水；关闭电源；处理过滤水；处理废液并清洗废液瓶；拔下电源线。

（二）UA-600 尿液分析仪的故障维修

图 2-11 所示为尿液分析仪的键盘布局。

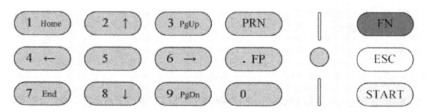

图 2-11　尿液分析仪的键盘布局

1. 故障实例一

【故障现象】　UA-600 尿液分析仪显示无法识别试纸条。

【故障分析】　常见原因有：①废弃盒装满试纸条或试纸条散落在分析仪内；②检测过程中,试纸条被翻转或试纸条未正确地放在检测区；③有光线照入分析仪内部；④白板有污垢或光学装置损坏。

【检修步骤】

（1）按"ENTER"键清除故障信息——打开废弃盒,丢弃用过的试纸条——按"STOP"键初始化分析仪。

（2）按"ENTER"键清除故障信息——整理进纸器中的试纸条——按"STOP"键初始化分析仪——再次进行检测。

（3）按"ENTER"键清除故障信息——避免光线直接照射到分析仪内部——按"STOP"键初始化分析仪,如果同样的故障仍然存在,请关闭电源,与供销商联系。

（4）按"ENTER"清除故障信息——按"STOP"键初始化分析仪,若故障依旧,则关闭电源,与供销商联系。

2. 故障实例二

【故障现象】　UA-600 尿液分析仪显示试纸条在进纸器中粘连。

【故障分析】　试纸条在进纸器中相互粘连。

【检修步骤】

（1）按"ENTER"键清除故障信息,确认分析仪未在运行。

（2）打开试纸条进纸器,取出阻碍进纸器的试纸条,清洁试纸条进纸器,检查试纸器是否受损。

（3）打开待机开关,初始化分析仪。

3. 故障实例三

【故障现象】　UA-600 尿液分析仪样本架送入功能错误。

【故障分析】　常见原因有：①右侧架槽传送区内有异物；②样本架未正确放置；③样本架送入杆位传感器有污垢。

【检修步骤】

（1）清除异物。

（2）再次将样本架放回原位,重新启动进样器模式。

（3）清洁传感器。

4. 故障实例四

【故障现象】　UA-600 UF Ⅱ SHEATH 试剂空错误。

【故障分析】　常见原因有：①试剂不足；②浮控开关损坏；③液路系统异常。

【检修步骤】

（1）按下帮助对话框内的"OK"按钮,系统将显示试剂更换对话框,请补充试剂。

（2）检查浮控开关。

（3）检查吸入管路,并检查试剂接头与导管是否松动或破损。如果存在问题,请重新接导管或更换部件。

 思 考 题

1.UA-600尿液分析仪显示无试纸条的故障分析及检修步骤。

2.UA-600尿液分析仪显示试纸进纸器搬运部错误的故障分析及检修步骤。

3.UA-600尿液分析仪显示测不到液滴或试纸条的故障分析及检修步骤。

4.UA-600尿液分析仪显示条形码阅读失败的故障分析及检修步骤。

实训三　生化分析仪的操作与维护

实训目标

1.知识目标

（1）掌握生化分析仪的基本结构及工作原理。

（2）熟悉生化分析仪的基本操作及日常维护技术。

2.技能目标

（1）学习生化分析仪的常见故障分析。

（2）学会生化分析仪的故障排除技术。

实训相关知识

生化分析仪又常被称为生化仪,是采用光电比色原理来测量体液中某种特定化学成分的仪器。由于其测量速度快、准确性高、消耗试剂量小,得到广泛使用。第一代产品为分光光度计,第二代产品为半自动生化分析仪,第三代产品为全自动生化分析仪。全自动生化分析仪,从加样至出结果的全过程完全由仪器自动完成。操作者只需把样品放在分析仪的特定位置上,选用程序启动仪器即可等取检验报告。生化分析仪是用于检测、分析生命化学物质的仪器,给临床上对疾病的诊断、治疗和预后及健康状态的评定提供信息依据。

实训器材

1.RT-9200型半自动生化分析仪。

2.BS-800型全自动生化分析仪。

实训内容

（一）RT-9200型半自动生化分析仪的基本操作实训

1.仪器的系统设置实训步骤

系统参数用来设置仪器的一些最基本参数,如日期、时间等。在系统主界面中,按数字键3进入仪器,图2-12为系统设置画面。

（1）打印设置:在系统设置画面中,按数字键1,仪器进入打印设置画面。仪器配置内置热敏打印机,通过面板上的◀▶键选择开关。同时,在测试过程中可重新选择是否在线打印。

1	打印设置	4	更换参考值
2	时间设置		
3	数据上传		ID: 6009010001

图 2-12　系统设置画面

（2）时间设置：在系统设置画面中，按数字键 2，仪器进入时间设置画面。使用面板上的◄►键定位至需改变项，使用数字键更改当前日期或时间；按"ENTER"键保存设置；按"ESC"键返回系统设置画面。

（3）数据上传：在系统设置画面中，按数字键 3（在此之前确认仪器与外接 PC 之间已插上通信电缆，启动配套的数据管理软件，并正确配置通信参数），仪器进入数据上传画面。

（4）更换参考值：在系统设置画面中，按数字键 4，仪器进入实时 AD 值的保存画面。AD 值是当前滤光片的实时读数，此值是更换灯泡的参考值，也可保存为计算参考值。通过左、右键（◄►）切换波长。按"ENTER"键将保存当前波长的 AD 值，保存后提示"Save?"将消失；AD 值是项目测试的计算参考值，必须正确保存。

2. 仪器的项目参数设置实训步骤

（1）选择测试项目：进入项目选择的主界面，通过移位键选择和输入法选择等方法灵活选择目标项目。

（2）项目参数修改：选择目标项目，按"ENTER"键将进行相应项目的参数设置。

①名称：设置项目名称。系统可允许设置 60 个测试项目，其中包括 47 个固定项目，第 48～60 项为用户自定义的项目。可以通过增加、修改和保存名称来实现自定义项目。

②方法：选择测试方法，包括终点法、两点法和速率法。可通过◄►键选择方法。

③单位：选择测试结果单位，包括 mg/L、g/L、μmol/L、mmol/L、mol/L、U/L 和 IU/L 7 个可选单位。可通过◄►键选择单位。

④温度：选择测试温度，包括室温、25℃、30℃和 37℃四个可选温度。可通过◄►键选择温度。

⑤主波长：根据试剂盒的要求选择测试主波长。包括 340 nm、405 nm、500 nm、546 nm 和 620 nm 五个可选波长。可通过◄►键选择主波长。

⑥次波长：根据试剂盒的要求选择测试次波长，系统通过设置次波长灵活实现双波长测试方法。包括不用、340 nm、405 nm、500 nm、546 nm 和 620 nm 六个可选次波长，当采用单波长测试时，必须把次波长设置为不用。可通过◄►键选择次波长。

⑦空白：选择空白方式。包括不用、试剂空白和样本空白。可通过◄►键选择空白方式。终点法测试中，试剂空白与样本空白可根据用户需要选择；两点法测试中可选择试剂空白；速率法不设空白。

⑧因数：输入计算因子。系统支持直接输入因子和通过系统定标（标准测试）确定计算因子。

⑨参考上限：输入结果为判断依据的上限值。

⑩参考下限：输入结果为判断依据的下限值。

⑪延迟时间：输入测试过程的延迟时间。延迟时间是自被测液进入比色池起到实际测试开始的时间。

⑫读数时间：输入测试过程的反应时间（终点法无需此参数）。

⑬小数点：测试结果的小数点保留位数。最大为4。

⑭吸液量：吸液泵吸取的溶液量。该参数表示每次吸入待测液的量。为保证测试准确，一般吸液量应大于 400 μL（一般项目应设为 500 μL，污染性大的试剂可增大吸液量至 700 μL）。

⑮标准设置：设置定标参数。光标指向"标准设置"，按照提示按▶键进入标准参数设置界面。其中，"方法"表示标准测试的计算方法，分别是直线回归和折线回归，通过◀▶键选择；"标准个数"表示标准测试过程中使用的标准品个数，最大为8点定标；"重复次数"表示每个标准品测试的重复次数；"标准浓度"表示标准测试过程中使用的标准品浓度。设置各参数后，按"ESC"和"ENTER"键都将自动保存参数并返回到参数设置主界面，因此必须输入正确的标准参数。

（3）参数打印：在参数设置主界面下，按"PAPER"键将打印当前项目的参数。设置完各参数并确认后，按"ENTER"键将自动保存参数设置并进入项目测试流程；按"ESC"键将不会保存参数设置并返回项目界面。因此，必须确保输入正确的参数。

（4）项目自定义：仪器可存储60个测试项目，包括47个固定项目和13个可自定义的项目。具体自定义方法如下：

①光标移至参数设置的"名称"栏。此时，项目名称加亮显示或者显示为光标符号（无项目名称）。

②按照键盘上的字符索引图直接输入项目名称，名称最多包含5个字符。在输入过程中，隔3秒自动确定字符并提示输入下一字符。

③输入过程中可以按"DEL"键删除输入字符。

④设置项目参数，按"ENTER"键自动保存自定义项目名称和参数，并进入测试流程。

3. 仪器的项目测试实训步骤

设置完项目参数后，按"ENTER"键将自动保存参数设置并进入项目测试流程。首先系统将按照设置的波长切换滤光片并配置其他信息，输出提示信息。切换时间比较短，一般几秒完成，并自动进入温度控制。温控时间根据项目切换前后的温差而定，一般在几秒至3分钟之间。按"ESC"键将取消温控进入空白测试。

（1）空白测试：系统完成项目切换和温度控制后，自动进入空白测试流程。按照参数设置信息，系统将选择是否进行试剂空白测试。当在参数设置界面的空白设置中选择无空白或样本空白时，空白测试中只进行水空白测试；选择试剂空白时，空白测试中将进行水空白测试和试剂空白测试。首先进行水空白测试，此时水空白栏将提示"请吸液！"。准备蒸馏水并按吸液键，系统将自动测试并输出水空白测试结果。当水空白值过大时，将提示"差值过大",并在下方显示测试 AD 值。此时必须重做水空白测试,重复多次仍然提示"差值过大"时,建议检查光路是否松动。水空白测试后自动进入试剂空白测试,按照提示吸入试剂,系统测试并输出结果。试剂空白后无需按任何按键,等待几秒钟系统自动进入测试选择界面,光标默认指向"样品测试",通过◆键选择。按"ENTER"键进入相应的测试流程,在相应的测试界面下按"ESC"键返回此测试选择界面。

(2)标准测试:系统可以通过两种方法获取标准因数,一是在参数设置时人工输入因子,此时会在测试选择界面中显示"K= xxx";另一种是通过标准测试获取标准因子,这里着重介绍标准测试基本流程。

①在测试选择界面下,光标移向"标准测试",此时字体加亮。系统判断标准参数设置是否正确,如果设置错误,将显示"无设置!";如果设置正确,提示"确定?",确认是否进行标准测试,确定请按"ENTER"键进入测试程序,否则移动光标选择其他测试或者按"ESC"键返回主界面。

②进入标准测试流程后,出现标准测试界面。其中"标准测试"显示当前测试的项目名称;"样品编号"显示当前标准液的序号,并在右侧显示相应的浓度值,如"浓度:C=133.0",请在吸入标准液前确认是否输入相同浓度的溶液;"测试状态"显示测试过程进度和测试结果;界面中下部依次显示"请吸液!"、"测试中……"和"保存?"。具体测试过程同项目测试过程,请参考项目测试的具体操作。

③按照步骤吸入相应的标准液后,系统实时计算标准因子,在"测试结果"栏上显示定标的 K 和 b 值,并在系统状态栏中提示"保存?",按"ENTER"键保存定标结果,此后的项目测试均按此定标结果计算,直至重新设置标准因子或者重新定标并保存。按"ESC"键将取消保存,直接进入项目测试流程,此后的项目测试均按定标前的因子进行计算。需要重新定标,请重新从测试选择界面下选择"标准测试"进行定标。

(3)样本测试:测试选择界面下,光标默认指向"样品测试",并加亮显示,按"ENTER"键进入样品测试程序。

①测试操作:若在参数设置时选择了样本空白,则样品测试前应首先进行样本空白;当选择无空白或者试剂空白时,由于已经在前面空白测试中完成,将直接进入测试界面。"样本空白"和"样品测试"将显示当前测试的项目名称。

②测试流程:确定样品编号(显示的样品编号为将要测试的样品号),并通过▶键打开或者关闭在线打印功能;在"请吸液!"状态下,准备测试样品,按吸液键吸入样品;测试完毕,自动保存测试结果,同时样品编号自动增一作为下一个测试样品的编号,供用户确认修改;结果打印;当前样品测试、打印完成后,样品编号增一并重新进入下一样品测试等待吸液状态;按照提示进行操作,可连续测试样品;当测试过程中需要质控、定标或者结束退出时,按"ESC"键返回测试选择界面并选择相关操作。

4.仪器的质控实训步骤

(1)质控设置:光标指向"质控设置",按照提示按▶键进入质控参数设置界面。质控品：系统可设置两个质控品。通过◀▶键选择（在质控参数设置界面内，按◀▶键将循环选择质控品）。均值：质控品标准浓度。SD：质控品的标准偏差。批号：质控品相应的批号。

（2）质控测试

①测试选择：在测试选择界面下，光标移向"质控测试"，此时字体加亮，并在右侧显示系统可选质控品，并在最右侧提示通过◀▶键选择。确定选中的质控品，按"ENTER"键进入质控测试界面。

②测试操作：进入质控测试流程后，出现质控测试界面。其中"质控测试"显示当前测试的项目名称；"样品编号"显示当前质控溶液的序号，并在右侧显示相应的质控批号，如"质控品：070691"，请在吸入质控溶液前确认是否输入相同批号的质控品；"测试状态"显示测试过程进度和测试结果；界面中下部依次显示"请吸液！"、"测试中……"和"保存？"。

③测试保存：按照步骤吸入相应的质控溶液后，系统实时计算结果，在"测试结果"栏上显示质控结果并判断质控状态（"C>2SD"表示质控结果大于两个SD值，否则不显示此信息），并在系统状态栏中提示"保存？"。确定质控有效后，按"ENTER"键保存质控结果；按"ESC"键重做质控；质控测试完后，系统自动跳转至测试选择界面并指向项目测试。

5.仪器的保养和维护实训步骤

（1）清洁仪器外表

①保持仪器工作环境的清洁。

②仪器表面的清洁可以用中性清洁剂和湿布擦拭。

③液晶显示器请用柔软的布清洁。

（2）清洁比色池

①清洁比色池外部：如果比色池外部被污染，可用柔软的布蘸无水乙醇轻轻地擦拭。

②清洁比色池内部：将盛有蒸馏水的容器放置在吸液管下，按"RINSE"键，启动连续冲洗功能，再次按"RINSE"键，则终止冲洗，通常连续冲洗半分钟时间；可用玻璃器皿清洁剂或稀释液（2～3滴／升）清洁流动比色池。按"RINSE"键，吸入清洁剂，再按"RINSE"键停止蠕动泵转动，让清洁剂在比色池中停留5分钟，最后用蒸馏水连续冲洗1分钟。如果一次清洗不干净，可再次用清洁剂清洗。

（3）蠕动泵管的调整：仪器在使用6个月后，可以调整一下蠕动泵管的位置。方法是：顺时针旋转蠕动泵管锁扣，打开泵管的护板；取下蠕动泵管；松开泵管接头上的固定钢丝，将泵管旋转180°，然后用钢丝重新固定；安好泵管，并锁住（逆时针旋转蠕动泵管锁扣）。

（4）吸液管的更换：如果吸液管（或流动比色池）被杂物堵塞，可用注射器清通。如果吸液管损坏或堵塞严重，可更换吸液管。方法是：拔出流动比色池；取下进口处的吸液管,更换新的吸液管,在新的吸液管一端,先套上定位管(中间的),然后再套上固定管(最粗的);将固定管固定于流动比色池入口。

（二）RT-9200 型半自动生化分析仪的常见故障维修实训

1. 在进行 RT-9200 型半自动生化分析仪的维修工作前,需掌握 RT-9200 型半自动生化分析仪的基本构成及其工作原理;熟悉该仪器的基本操作以及安装调试技术。

2. 在仪器故障的维修过程中,首先应弄清故障现象,并根据故障代码进行故障的初步分析,判断故障发生的部位,基本判定故障的类型。采用直观检查法、电阻和电压测量法、元器件及板替换法等各种常规检查方法,对故障进行逐一分析和排查,直至解决。

3. 排除故障后,对仪器进行定标、样本测试和质控,确定仪器工作正常。最后整理维修数据,作好维修记录。

（三）BS-800 型全自动生化分析仪的基本操作实训

如图 2-13 所示为全自动生化分析仪的外观。

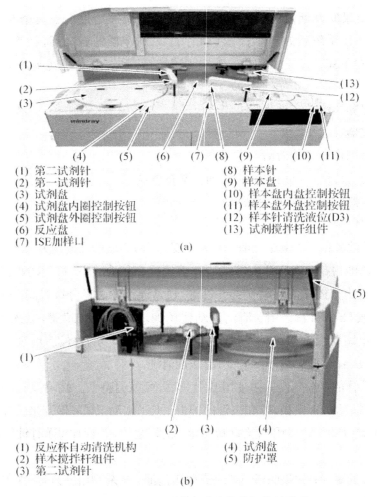

(1) 第二试剂针   (8) 样本针
(2) 第一试剂针   (9) 样本盘
(3) 试剂盘   (10) 样本盘内盘控制按钮
(4) 试剂盘内圈控制按钮   (11) 样本盘外盘控制按钮
(5) 试剂盘外圈控制按钮   (12) 样本针清洗液位(D3)
(6) 反应盘   (13) 试剂搅拌杆组件
(7) ISE 加样口

(a)

(1) 反应杯自动清洗机构   (4) 试剂盘
(2) 样本搅拌杆组件   (5) 防护罩
(3) 第二试剂针

(b)

图 2-13　BS-800 型全自动生化分析仪的外观

1.BS-800 型全自动生化分析仪的分析准备

（1）开机前检查：BS-800 全自动生化分析仪开机前,要进行以下的检查措施,以保证系统开机后正常工作。

①检查电源和电压,确认电源有电并且能够提供正确的电压。

②检查分析部、操作部和打印机间的通信线和电源线,确认已连接且没有松动现象。

③检查打印纸已足够。如不够,添加打印纸。

④检查样本注射器和试剂注射器是否漏液。

⑤检查样本针和试剂针的针尖是否挂液。

⑥检查去离子水连接处和废液连接处是否漏液。

⑦依次检查样本针、试剂针和搅拌杆,确认无污物、无弯折。如有污物,进行清洗;如有弯折,进行更换。

⑧检查送料仓,确认送料仓中有足够反应杯。若反应杯不够,添加反应杯。

⑨检查废液桶和废料桶,确认已排空或清空。若未排空或清空,则进行排空或清空。

样本注射器、试剂注射器、样本针、试剂针如图 2-14 所示。

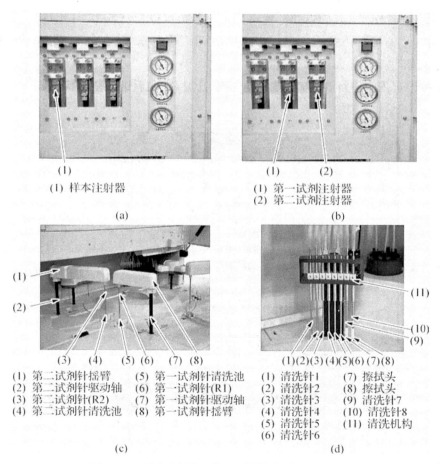

(1)
(1) 样本注射器

(a)

(1) (2)
(1) 第一试剂注射器
(2) 第二试剂注射器

(b)

(1) 第二试剂针摇臂　(5) 第一试剂针清洗池
(2) 第二试剂针驱动轴　(6) 第一试剂针(R1)
(3) 第二试剂针(R2)　(7) 第一试剂针驱动轴
(4) 第二试剂针清洗池　(8) 第一试剂针摇臂

(c)

(1) 清洗针1　(7) 擦拭头
(2) 清洗针2　(8) 擦拭头
(3) 清洗针3　(9) 清洗针7
(4) 清洗针4　(10) 清洗针8
(5) 清洗针5　(11) 清洗机构
(6) 清洗针6

(d)

图 2-14　样本注射器、试剂注射器、样本针、试剂针

（2）开机：系统通电后，按下列顺序依次打开电源：主电源（分析部侧面靠后部）、分析部电源（分析部侧面靠前部）、操作部显示器电源、操作部主机电源、打印机电源。图2-15所示为主电源和分析部电源。

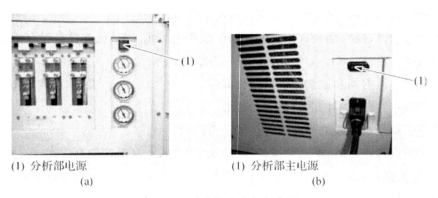

(1) 分析部电源　　　　　　　　　　　　　(1) 分析部主电源
(a)　　　　　　　　　　　　　　　　　　　(b)

图 2-15　主电源和分析部电源

（3）启动系统软件：登录 Windows 操作系统后，双击桌面上的"BS-800 全自动生化分析仪操作软件"的快捷图标，运行系统软件；或者点击屏幕左下方的 [开始]，选中 [程序]（或 [所有程序]）.[BS-800 全自动生化分析仪操作软件]。在出现的对话框中，从"选择串口"右边的下拉框中选择串口后，点击"进入系统"按钮，运行系统软件。图2-16 所示为软件操作界面。

系统按设定程序进行开机初始化及反应盘升温，完成后进入空闲状态。

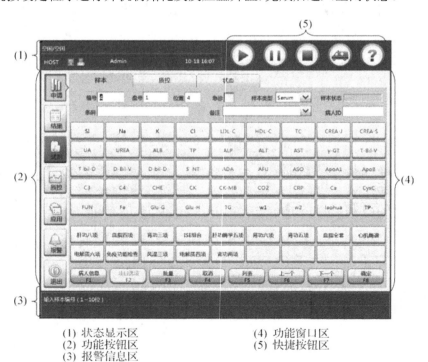

(1) 状态显示区　　　　　　　　　　(4) 功能窗口区
(2) 功能按钮区　　　　　　　　　　(5) 快捷按钮区
(3) 报警信息区

图 2-16　软件操作界面

（4）参数设置：只有正确、合理地设置参数，才能够进行申请测试等操作。系统第一次使用时，必须设置参数。在日常使用中，可以根据需要设置参数。申请测试前，必须至少设置完成下列参数：系统设置、医院设置、项目参数设置、定标参数设置、质控参数设置、试剂设置、交叉污染设置和打印设置。

（5）测试准备

①准备试剂：在试剂盘上设定的试剂位上放入相应的试剂，并打开试剂瓶盖。图2-17所示为试剂盘及试剂盘盖。

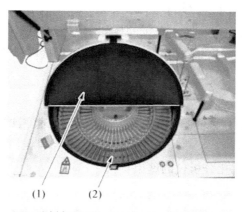

(1) 试剂盘盖
(2) 试剂盘

图 2-17　试剂盘及试剂盘盖

②准备蒸馏水：在样本盘 W 位放入蒸馏水，并确认蒸馏水足够。在试剂盘的第 49 号位置放入蒸馏水，并确认蒸馏水足够。样本盘如图 2-18 所示。

③检查试剂余量。

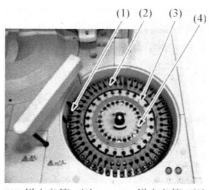

(1) 样本盘第一圈　　(3) 样本盘第三圈
(2) 样本盘第二圈　　(4) 样本盘第四圈

图 2-18　样本盘

2. BS-800 型全自动生化分析仪的测试分析

（1）定标测试：系统第一次使用时，必须定标。在改变试剂盒批号、更改测试参数、更换光源灯及其他原因等导致测定条件改变时,也需要重新定标。申请定标后,在样本盘上设定的定标位放入相应的定标液,运行定标测试。测试状态包括"申请"、"待测"、"运行"和"结束"四种状态。对于处于"结束"状态的测试,可查看到测试结果。

（2）质控测试：申请质控后,在设定的质控位放入相应的质控液,运行质控测试。同样,测试状态也包括"申请"、"待测"、"运行"和"结束"四种状态。对于处于"结束"状态的测试,可查看到测试结果。

（3）样本测试：申请样本后,在设定的样本盘位置放入相应的样本,运行样本测试。测试状态包括"申请"、"待测"、"运行"和"结束"四种状态。对于处于"结束"状态的测试,可查看到测试结果。急诊样本测试的操作基本与常规样本测试相同,只是在申请时必须选中"急诊测试"右边的单选框。申请的急诊直接插入当前工作列表,并且优先测试。

（4）可根据需要编辑样本测试结果。

（5）样本测试结果打印：点击"测试状态"→"当前测试列表"或点击"查询统计"→"结果查询",打印样本测试结果。

3. BS-800 型全自动生化分析仪的结束分析

（1）退出系统软件。

（2）关机：退出 Windows 操作系统后,按下面顺序关掉各部分电源：打印机电源、操作部显示器电源、分析部电源（分析部侧面靠前面）。

（3）关机后检查

①盖上试剂盘里每个试剂瓶的盖子。

②取走样本盘里的定标液、质控液、蒸馏水和样本。

③检查分析部台面是否沾有污渍,若有,用干净软布将污渍擦拭掉。

④清空废液桶和废料桶。

4. BS-800 型全自动生化分析仪的保养和维护

为保证系统的可靠性和良好的工作性能,延长系统使用寿命,应严格按照仪器使用说明书的要求对系统进行操作和定期维护。

（1）日维护

①检查样本注射器和试剂注射器是否漏液。

②检查清洗样本针、试剂针和搅拌杆。

③检查清洗剂和去离子水桶及废液桶。

④检查清洗废料桶。

（2）周维护

①清洗样本针、试剂针和搅拌杆。

②清洗去离子水桶和废液桶。

③清洁样本盘／仓、清洁试剂盘／仓。

④清洁仪器面板。

（3）月维护

①清洗试剂针的内壁、外壁和清洗池。

②清洗样本针清洗池和搅拌杆清洗池。

③清洁试剂针驱动轴、样本针驱动轴和搅拌杆驱动轴。

④清洗注射器。

⑤清洗风扇防尘网。

⑥用清洗剂清洗管道。

（4）半年维护

清洁三针组件的滚珠键轴、导向杆、滚珠轴承,用润滑脂润滑清洁机械手滑动轴、机械手双头螺杆。

（四）BS-800 型全自动生化分析仪的常见故障维修实训

1. 在进行 BS-800 型全自动生化分析仪的维修工作前,需掌握 BS-800 型全自动生化分析仪的基本构成及其工作原理;熟悉该仪器的基本操作以及安装调试技术。

2. 在仪器故障的维修过程中,首先应弄清故障现象,并根据故障代码进行故障的初步分析,判断故障发生的部位,基本判定故障的类型。采用直观检查法、电阻和电压测量法、元器件及板替换法等各种常规检查方法,对故障进行逐一分析和排查,直至解决。

3. 排除故障后,对仪器进行定标、样本测试和质控,确定仪器工作正常。最后整理维修数据,作好维修记录。

思 考 题

1. 请说明更换光源灯后为何要调整光源位置? 如何调整?

2. 实际操作过程中如何减少两试剂间的干扰?

3. 如何鉴别全自动生化分析仪中比色杯已受污染?

4. 请说出在流动比色池中如果有气泡存在,测试结果会怎样? 应如何处理?

实训四 酶标仪的维修

实训目标

1. 知识目标

（1）掌握酶标分析仪的基本组成、结构及工作原理。

（2）熟悉酶标分析仪的基本操作及安装调试技术。

（3）了解酶标分析仪的临床应用。

2. 技能目标

（1）学习酶标分析仪的电路、液路故障分析。

（2）学会酶标分析仪的故障排除方法。

实训相关知识

酶标仪是对酶联免疫检测（EIA）实验结果进行读取和分析的专业仪器。酶联免疫反应是通过偶联在抗原或抗体上的酶催化显色底物进行的，反应结果以颜色显示，通过显色的深浅即吸光度值的大小就可以判断标本中待测抗体或抗原的浓度。

酶标仪广泛地应用在临床检验、生物学研究、农业科学、食品和环境科学等研究领域。

实训器材

MR-96 酶标仪。

实训内容

（一）酶标仪的基本操作实训

1. MR-96 酶标仪的外观，如图 2-19 所示。

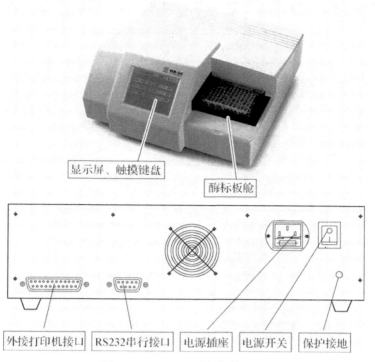

显示屏、触摸键盘

酶标板舱

外接打印机接口　RS232串行接口　电源插座　电源开关　保护接地

图 2-19　MR-96 酶标仪的外观

2. MR-96 酶标仪开机后的主菜单,如图 2-20 所示。

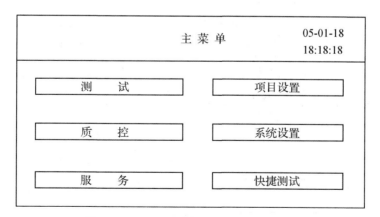

| 主　菜　单 | 05-01-18 |
| | 18:18:18 |

测　试　　　　项目设置

质　控　　　　系统设置

服　务　　　　快捷测试

图 2-20　MR-96 酶标仪开机后的主菜单

3. MR-96 酶标仪的参数设置菜单,如图 2-21、图 2-22、图 2-23、图 2-24 所示。

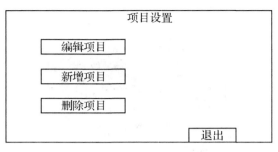

图 2-21　MR-96 酶标仪项目设置

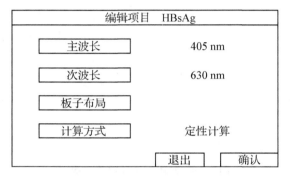

图 2-22　MR-96 酶标仪编辑项目界面

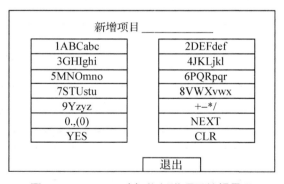

图 2-23　MR-96 酶标仪新增项目编辑界面

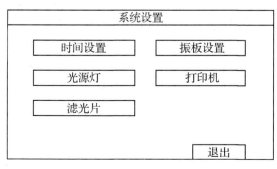

图 2-24　MR-96 酶标仪系统设置界面

（二）酶标仪的常见故障

1. 打印机不工作

（1）酶标仪开关设置不正确。

（2）酶标仪内置打印机开关处于开的位置,应在总参数中设置内置打印机为关。

（3）打印机接口接错。

（4）打印机联线有问题。

（5）打印机未联机,确认打印机上的联机键已联机。

（6）打印机无纸或纸未装好,请装好打印纸。

2. 调不出所编程序

必须在相应程序模块下调出。如在临界值模块下编辑储存的程序,必须要在临界值模块下调出。

3. 肉眼结果与酶标仪测定结果差异较大

（1）滤光片设置不正确:请在"参数"中按滤光片轮中实际的情况设置滤光片。

（2）空白或阴性位置不正确。

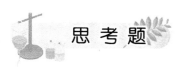

思考题

1. 酶标仪电路故障,应采用何种维修方法进行检查?

2. 酶标仪光路故障,应怎样进行检查?

57

实训五　全自动化学发光免疫分析仪的实训

实训目标

1. 知识目标

（1）掌握全自动化学发光免疫分析仪的基本结构及基本原理。

（2）熟悉全自动化学发光免疫分析仪的基本操作。

2. 技能目标

（1）学习分析全自动化学发光免疫分析仪的电路、液路、光路、机械传动及电脑控制故障。

（2）学习全自动化学发光免疫分析仪故障的排除方法。

实训相关知识

化学发光免疫分析仪是通过检测患者血清,对人体进行免疫分析的医学检验仪器。将定量的患者血清和辣根过氧化物（HRP）加入到固相包被有抗体的白色不透明微孔板中,血清中的待测分子与辣根过氧化物酶的结合物和固相载体上的抗体特异性结合。分离洗涤未反应的游离成分。然后,加入鲁米诺（Luminol）发光底液,利用化学反应释放的自由能激发中间体,从基态回到激发态,能量以光子的形式释放。此时,将微孔板置入分析仪内,通过仪器内部的三维传动系统,依次由光子计数器读出各孔的光子数。样品中的待测分子浓度根据标准品建立的数学模型进行定量分析。最后,打印数据报告,以辅助临床诊断。

化学发光免疫分析仪主要由试剂区、样品区、反应测试管加样区、反应废液区构成。

实训器材

全自动化学发光免疫分析仪1台。

实训内容

（一）全自动化学发光免疫分析仪的基本操作实训

1. 全自动化学发光免疫分析仪的外观如图 2-25、图 2-26 所示。

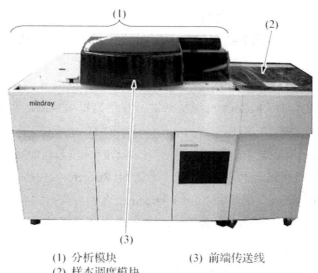

(1) 分析模块　　　　　(3) 前端传送线
(2) 样本调度模块

图 2-25　全自动化学发光免疫分析仪正面图

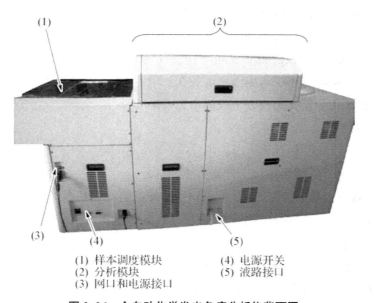

(1) 样本调度模块　　　　(4) 电源开关
(2) 分析模块　　　　　　(5) 液路接口
(3) 网口和电源接口

图 2-26　全自动化学发光免疫分析仪背面图

2. 开机将废液瓶放好,水瓶装满水放好,反应杯装满。开主机、电脑、打印机。查看供应屏幕,确认无异常。

3. 灌注机器点击系统菜单(System)→点 Manual Operations →点 Priming Operations → Scheduled Primes →点 Perform Procedure。大概 20 分钟后,机器会自动停止。

4. 编排工作表首先要删除前一天的工作表:点 Work list →选 Summary →点 Move Results →点 Move。然后编排新的工作表。

5. 准备试剂、样品、定标液对照试剂表,将固相、液相试剂、辅助试剂(如需要)、冲洗液(如需要)放到试剂盘中,盖上软盖,进行混合程序:点 System 系统菜单→点 Manual

Operations →选 Mix Reagents →点 Perform Procedure。试剂混合过程中,准备样品和定标液。混合 10～20 min,按机器面板上的"Stop"键停止。将试剂针外盖取下,看试剂瓶中有无气泡。

6. 开始工作　一切都准备好后,按机器上的"Start"键,开始测量。测量过程中点系统菜单 System →再点 Track Contents(状态键),观察测量项目的运行位置。测量完后结果会自动打印。

7. 清洗程序　一天工作完成后,需做机器清洗。先将清洗液瓶配好清洗液(方法: 60 mL 清洗液 +2 L 水),换下机器上的水瓶,将酸 / 碱试剂 (Reagent 1/2) 换成水,系统菜单 System 下→点 Cleaning Procedure。然后点 Start Procedure,开始清洗。21 min 之后清洗完毕,机器会自动停止,并出现一个 Y/N 的选择框。这时用水瓶换下清洗液瓶,再按 Y 键;开始水清洗。25 min 后,水清洗完毕。

8. 碱泵清洗　在系统菜单 (System) 下点 Manual Operations →点 Priming Operations →点击 Clear Prime,再将 Reagent 1 Pump、Reagent 2 Pump 后面的数字改为 10 →点 Perform Procedure,开始碱泵清洗。清洗完后,关掉机器和打印机。如放假超过一天机器不使用,应做碱泵清洗程序。注意:应将 Reagent 1/2 后面的数字改为 20。

9. 清理关机后,将 Reagent1/2 放回,清洗液放到阴凉的地方,水瓶剩下的水倒掉,废液瓶倒掉,废杯倒掉。将水瓶和废液瓶倒放在滤纸上风干,以免长菌。

（二）全自动化学发光免疫分析仪的常见故障

1. 电路故障

（1）开机后无法正常启动

①测量电源组件的输出电压工作是否正常。

②采用元器件及板替换法,判断主机软盘和硬盘驱动器是否工作正常。

③采用元器件及板替换法,判断 CPU 板是否工作正常。

④采用电阻测量法测量各个系统控制板下的负载电路,判断其是否工作正常。

（2）轨道升温失败,无法进行样本测试

①采用电阻测量法,测量轨道加热片是否工作正常。

②检查轨道温度检测器是否工作正常。

③检查轨道温度系统控制板是否工作正常。

④检查各个系统控制板下的负载电路是否工作正常。

（3）样本盘和试剂盘无法进行复位

①检查样本盘和试剂盘检测器是否工作正常。

②采用元器件及板替换法,判断样本盘和试剂盘系统控制板是否工作正常。

2. 液路故障

（1）冲洗台冒水

①检查两通阀及夹断阀是否工作正常。

②检查各个管道是否漏气。

（2）样本探针打水失败

①检查纯净水瓶、过滤器是否工作正常。

②检查样本探针是否堵和漏。

③检查样本探针注射器是否工作正常。

（3）发光室冒水

①检查废液探针或冲洗台是否漏或堵。

②检查两通阀及夹断阀是否工作正常。

③检查各个管道是否漏气。

3. 光路故障

（1）发光室复位不正常

①调整发光室机械位置。

②检查发光室位置检测板是否工作正常。

③检查光路检测系统控制板是否工作正常。

（2）样本测试失败，光量子数不正常

①检查光电倍增管是否工作正常。

②采用元器件及板替换法，判断光路检测系统控制板是否工作正常。

③检查发光室是否漏光。

④检测酸和碱是否正常。

（3）光量子数测试失败，光路检测系统控制板故障

①检查光电倍增管是否工作正常。

②采用元器件及板替换法，判断光路检测系统控制板是否工作正常。

③检查发光室是否漏光。

4. 机械传动故障

（1）轨道卡杯

①检查运输轨道皮带轮及皮带是否工作正常。

②重新调试运输轨道。

③处理运输轨道皮带，使机械不受阻。

（2）样本探针架复位失败

①检查样本探针是否机械受阻。

②检查样本探针架检测器是否工作正常。

③检查样本探针系统控制板是否工作正常。

④检查样本探针控制马达是否工作正常。

（3）装载杯的水车不动作

①检查装载杯的水车是否机械受阻。

②检查装载杯的水车检测器是否工作正常。

③检查装载杯的水车系统控制板是否工作正常。

④检查装载杯的水车控制马达是否工作正常。

5. 电脑控制故障

（1）控制主机的电脑无法正常启动

①检查电脑的硬件是否工作正常。

②检查电脑的软件,可重新安装操作系统及应用软件。

（2）主机的软盘驱动器损坏,仪器无法正常启动

①电源组件的输出电压是否正常。

②采用元器件及板替换法,判断软盘驱动器是否损坏。

（3）主机硬盘驱动器指示灯不闪烁,仪器无法正常启动

①检查电源组件的输出电压是否正常。

②采用元器件及板替换法,判断硬盘驱动器是否损坏。

（4）样本测试结果数据传输失败

①检查主机与控制主机的电脑接口是否正常。

②检查主机与控制主机的电脑接口连接线是否损坏。

③检测主机 CPU 板是否工作正常。

④检查主机与控制主机的电脑设置是否正确。

 思 考 题

1. 全自动化学发光免疫分析仪电路故障,应采用何种维修方法进行检查?

2. 全自动化学发光免疫分析仪液路故障,应采用何种维修方法进行检查?

3. 全自动化学发光免疫分析仪光路故障,应采用何种维修方法进行检查?

4. 全自动化学发光免疫分析仪机械传动故障,应采用何种维修方法进行检查?

5. 全自动化学发光免疫分析仪电脑控制故障,应采用何种维修方法进行检查?

项目三　X线机设备实训

实训一　X线机的认识与操作

实训目标

1.知识目标

（1）认识X线机的整体结构，了解X线机的组成，增加感性认识，为理论学习打下基础。

（2）初步了解X线机的基本功能，提高学习X线机的自觉性。

（3）熟悉X线机的基本操作。

2.技能目标

（1）掌握X线机的整体结构。

（2）掌握X线机的基本功能。

（3）掌握X线机的基本操作。

实训相关知识

X线机是利用X射线作为能源的一种非可见光成像装置。由于X射线穿过人体时，体内组织、脏器、骨骼等对X射线的吸收有很大的差异，因而利用X射线穿过人体成像时，特别适宜作为体内形态性病变的诊断。

1.常规X线成像装置的组成

常规X线成像装置主要由主机和外围设备两大部分组成。主机是指主电路及其元器件所构成的系统，包括X线管装置、高压发生装置、控制装置、电源等设备。外围设备则指除主机以外的各种辅助和直接为临床诊断服务的设备，包括影像装置、机械装置及其他辅助装置。如图3-1所示，X线成像装置通过控制X线的产生、X线过滤，实现X线摄影。

图 3-1　常规 X 线机基本组成

（1）X 线球管装置：X 线球管是一个能量转换器，电子流在管内从阴极流向阳极时，电子损失能量，转换为 X 辐射能和热能。X 线管按用途分为诊断用 X 线管和治疗用 X 线管；按焦点结构分为单焦点 X 线管和双焦点 X 线管；按阳极性质分为固定阳极 X 线管和旋转阳极 X 线管。X 线管的组成如图 3-2 所示。

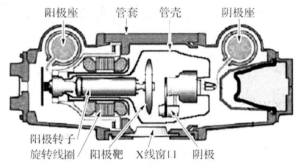

图 3-2　X 线管的组成结构

（2）高压发生装置：高压发生装置用来提供 X 线管工作所需要的管电压（50～150 kV）和灯丝加热电压（几伏～十几伏）。灯丝电压通过降压变压器获得，而管电压（阳极为正，阴极为负）必须是高压，以保证阴极发出的电子有足够大的加速力奔向和轰击阳极产生 X 射线。管电压通常采用升压变压器升压后整流获得，整流后的电压稳定性对 X 线的质与量有极大影响。

（3）控制装置：X 线机控制装置，包括控制台和控制电路。X 线机电路结构尽管不同，控制装置都必须满足 X 线管产生 X 线的下列基本要求。

①可调管电流：能给 X 线管灯丝提供一个在规定范围内可以调节的加热电压，以改变 X 线管灯丝的加热温度，达到控制 X 线量的目的。

②可调管电压：能给 X 线管提供一个很高且可以调节的管电压，使 X 线管灯丝发射的电子以高速撞击阳极而产生 X 线，达到控制 X 线质的目的。

③可调曝光时间：使供给 X 线管的高压在选定的时间内接通和切断，以准确控制 X 线的发射时间。

（4）影像装置：根据 X 线机用途不同，摄影用 X 线机和透视用 X 线机的成像装置不同。

①摄影用 X 线机：用 X 线摄影时，X 线透过人体的拍摄部位，投射到 X 线胶片上，使之感光形成潜影，然后通过显影、定影等化学处理，把潜影变成可见光影像，即 X 线照片，供医生读片、诊断。

②透视用X线机：荧光屏是X线透视中用以观察X线影像的专门装置，它是一种通过X线激活某些物质（例如硫化锌镉一类荧光物质）而产生荧光（可见光）影像的转换装置。影像增强器 - 电视系统将亮度比荧光屏增强了1 000多倍，如图3-3所示。

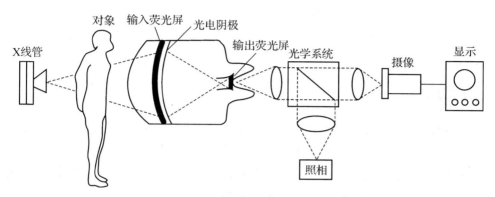

图3-3　X线电视系统

（5）机械装置及辅助装置

①机械装置包括：摄影床和胸片架，诊视床和点片架。如图3-4所示。

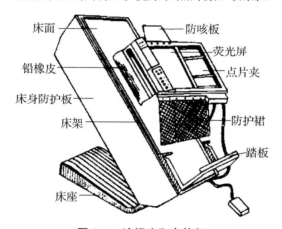

图3-4　诊视床和点片架

②辅助装置包括：遮线器、滤线器和自动洗片机，如图3-5和图3-6所示。

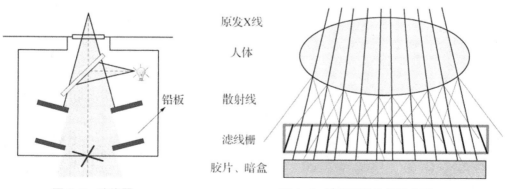

图3-5　遮线器　　　　　　　图3-6　滤线栅及作用示意图

③自动洗片机：X线用于医学诊断之初，X线照片的显影加工处理一直是手工操作，既费时效率又低。1979年我国第一台自动洗片机问世。进入80年代后，国产X线片、高温快显套药相继研制成功，自动洗片机也日趋完善。

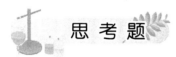

实训器材

X线机整机。

实训内容

1.介绍X线机的一般情况，包括产地、功率、功能、安装时间、工作任务和使用情况。

2.认识X线发生装置，包括控制台、高压发生器、高压电缆、X线管。

3.认识X线机辅助设备，包括摄影床及滤线器、诊视床、荧光屏及点片装置、天地轨及立柱、直线体层装置或多轨迹体层床、影像增强及电视系统。

4.接通X线机电源，将电源电压调至标准处，分别作透视、普通摄影、点片摄影、滤线器摄影、体层摄影。

思 考 题

1.X线机使用过程中的注意事项有哪些？

2.X线机的管电压、管电流、摄影时间的调整需要符合什么原则？

3.X线机的临床应用有哪些？

实训二　诊断 X 线机电路

实训目标

1.知识目标

（1）掌握小型 X 线机电路的工作原理,熟悉 X 线机基本电路。

（2）了解小型 X 线机电路所出现的具体故障现象。

2.技能目标

（1）掌握 X 线机基本电路及工作原理。

（2）会分析小型 X 线机电路所出现的具体故障。

实训相关知识

电源电路是 X 线机供电的总枢纽,由电源进线、熔断保护、通断控制、电源调节、电源指示、自耦变压器等器件组成。为了便于监视 X 线机的工作电压,使自耦变压器的输出保持在所需的范围内,电路还设有电源电压表和电源电压调节器,有的还设有输入电压选择器、电源自动补偿装置等。

管电流的调节电路又称 X 线管灯丝加热电路,分为灯丝变压器初级电路和灯丝变压器次级电路。灯丝加热电路的功能是为 X 线管灯丝提供可调节和可控制的加热电压,使 X 线管在管电压的情况下产生一定量的发射电子,从而获得操作者所需的管电流。

管电压调节电路又称高压变压器初级电路。工频 X 线机高压变压器初级电路是由自耦变压器线圈和高压变压器初级线圈构成的回路,由 KV 调节器、指示器、交流接触器（或者可控硅、晶闸管）和 KV 补偿电路等组成。

高压变压器次级电路是由高压变压器次级线圈和 X 线管构成的回路。毫安表串联在高压变压器次级中心接地点,直接测量管电流的大小。高压变压器次级电路包括高压整流器、高压滤波器以及高压交换闸等部分电路。

1.电源电路

如图 3-7 所示,按下按钮 AN_1,电源继电器 J_{CO} 工作并自锁,其接点 J_{CO1}、J_{CO2}、J_{CO3} 闭合,电源电压表 $\widehat{V}$ 有指示,同时电源指示灯 Z_D 亮。按下按钮 AN_2,J_{CO} 继电器失电。

2.控制电路

（1）透视工作电路:将选择开关 K_{3-1} ～ K_{3-2} 拨至透视工作状态,按下透视 SW_1 按钮后,继电器 J_1 工作,J_{1-1}、J_{1-2} 闭合,高压变压器 B_3 得电,毫安表 (mA) 有指示,模拟 X 线机管有电流通过。调节透视管电流电位器 W,毫安表 (mA) 指示有变化。

（2）摄影工作电路：将选择开关 K_{3-1} ～ K_{3-2} 拨至摄影工作状态,按下摄影曝光 SW_2 按钮,继电器 J_1 工作,J_{1-1}、J_{1-2} 闭合,曝光开始,产生模拟 X 线机管电流,至曝光时间后,毫安表 (mA) 有指示,X 线机曝光结束。改变摄影管电流调节电阻 R_3,再一次进行曝光,毫安表 (mA) 指示有变化。

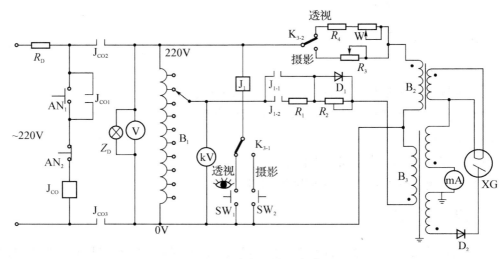

图 3-7　诊断 X 线机电路

实训器材

1. 诊断 X 线机电路示教板 1 台。
2. 数字万用表 1 块。

实训内容

1. 按下按钮 AN_1 后,J_{CO} 继电器工作；电源指示灯亮,电压表和千伏表有指示；按下按钮 AN_2,J_{CO} 继电器失电。

2. 将 K_{3-1} 拨至透视工作状态,按下透视 SW_1 按钮,继电器 J_1 工作,毫安表 (mA) 有指示。调节电位器 W,毫安表 (mA) 指示发生变化。

3. 将 K_{3-1} 拨至摄影工作状态,按下摄影 SW_2 按钮,继电器 J_1 工作,毫安表 (mA) 有指示。调节电位器 R_3,毫安表 (mA) 指示发生变化。

4. 改变 B_1 的滑动轮,千伏表 (kV) 的指示发生变化。选择合适的摄影管电压后,再将 K_{3-1} 选择摄影工作状态,按下摄影开关 SW_1,继电器 J_1 工作,毫安表 (mA) 应有指示。

满足以上操作情况,说明该电路正常。

 思 考 题

1. 在 X 线机高压初级电路中,电阻 R_1、R_2 在电路中起什么作用?

2. 试分析 B_1、二极管在 X 线机电路里起何作用?

实训三　单相全波整流电路的工作特性

实训目标

1.知识目标

（1）观察电路中各整流管的工作情况和波形。

（2）掌握 X 线管的工作特性,加深对该电路工作原理的理解。

2.技能目标

（1）会分析电路中各整流管的工作情况和波形。

（2）掌握 X 线管的工作特性及原理。

实训相关知识

图 3-8 单相全波整流常用四管桥式整流,整流元件是工作在高压环境下的高压硅整流器。单相全波整流既提高了 X 线管的利用率,增加了 X 线的输出量,又提高了 X 线管的管电压。波形如图 3-9 所示,E_2 为高压变压器次级输出电压波形,U_a 为管电压波形,I_a 为管电流波形。在单相全波整流电路中,流过 X 线管的电流是脉动直流电流,而流过高压变压器次级线圈的电流仍是交流电流,因此必须整流成为直流后,才可供直流毫安表测量。

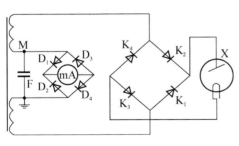

图 3-8　全波整流电路

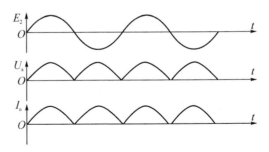

图 3-9　全波整流高压次级波形

实训器材

1.X 线机整流电路实验箱 1 台。

2.单相自耦调压器 1 台。

3.示波仪 1 台。

4.万用表 1 块。

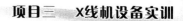

实训内容

1. 根据图 3-10 接线。

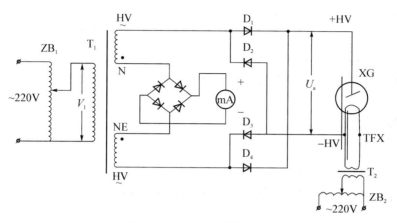

图 3-10　单相全波整流电路

2. 首先把单相自耦调压器调到零位。

3. 通电

（1）给 X 线机整流电路实验箱（单相全波整流电路）通电,毫安表 mA 指示为零。此时调压器已通电,通过调整 ZB_2 旋钮,改变灯丝变压器 T_2 次级电压。

（2）给外接单相自耦调压器 ZB_1 输入 220 V 电压,通过调整 ZB_1,改变高压变压器 T_1 的次级电压,即调整管电压 U_a。

（3）先调灯丝电压 U_f,后调管电压 U_a,随时观察毫安表 mA 的变化。

4. 实训数据测量　掌握 X 线管的工作特性。

（1）如表 3-1 所示,在管电压 U_a 为 20 V、30 V 两种条件下,分别使灯丝电压 U_f 为 1.2 V、1.4 V、1.6 V、1.8 V、2 V 和 2.2 V,测量灯丝电压下相对应的各管电流数值,然后作出灯丝发射特性曲线（I_a-U_f）。

表 3-1　灯丝发射特性测试表

灯丝电压 U_f		1.2 V	1.4 V	1.6 V	1.8 V	2 V	2.2 V
管电流 I_a	U_a=20 V						
	U_a=30 V						

（2）如表 3-2 所示,在灯丝电压 U_f=1.2 V 时,调整管电压 U_a 为 15 V、20 V、25 V、30 V、35 V 和 40 V,对应各管电压分别测量管电流值,然后作出阳极特性曲线（I_a-U_a）。

表 3-2　阳极特性测试表

管电压 U_a	15 V	20 V	25 V	30 V	35 V	40 V
管电流 I_a						

5. 用示波器观察管电压 U_a 的波形（U_a=20 V）。

6. 在 $D_1 \sim D_4$ 中断开一个整流二极管，用示波器观察管电压的波形。

 思 考 题

1. 在单相全波整流电路中，假如一个二极管短路或断路将出现什么现象？

2. 根据作出的灯丝发射特性曲线和阳极特性曲线分析其特性。

实训四　倍压整流电路的工作特性

实训目标

1.知识目标

（1）观测本电路关键测试点间的电压、电流及电压波形。

（2）了解该电路的工作状态和特性，加深对该电路工作原理的理解。

2.技能目标

（1）会分析电路中关键测试点的电压波形。

（2）掌握该电路的工作状态和特性，理解其工作原理。

实训相关知识

倍压整流电路结构形式如图 3-11 所示。为了获得更高的直流高压，通常使用倍压整流电路。倍压原理是，设高压变压器次级电压 U_T 按正弦波交变，当 U_T 为上 ＋ 下 －（正半周）时，整流管 D_2 导通，D_1 截止，变压器次级输出电压向电容器 C_2 充电；当 U_T 为上 － 下 ＋（负半周）时，整流管 D_1 导通，D_2 截止，变压器次级输出电压向电容器 C_1 充电。电容器 C_1 和 C_2 端电压的极性对负载 X 线管来说是串联相加的，则 C_1 与 C_2 上电压叠加得到 $U_a = U_{C1} + U_{C2}$。电路中输

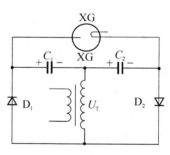

图 3-11　倍压整流电路

出直流电压的最大值是高压变压器次级电压最大值的 2 倍（2 倍压）。也就是说，高压变压器次级电压仅为直流输出电压的一半，这样可降低高压变压器的绝缘要求，深部 X 线治疗机和中频诊断 X 线机常采用这种整流电路。

实训器材

1.X 线机整流电路实验箱 1 台。

2.单相自耦调压器 1 台。

3.示波仪 1 台。

4.万用表 1 块。

实训内容

1.如图 3-12 接线。

2.首先把单相自耦调压器调到零位。

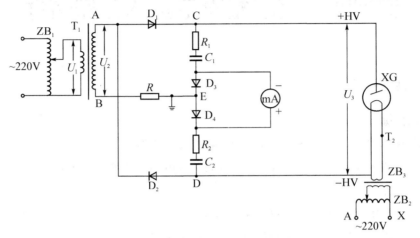

图 3-12 倍压整流电路实验原理图

3.通电

（1）给 X 线机整流电路实验箱（倍压全波整流电路）通电，毫安表 mA 指示为零。此时 ZB₂ 自耦调压器已通电，通过调整 ZB₂，改变 ZB₂ 的输出电压（即灯丝加热电压 U_f）。

（2）给自耦调压器 ZB₁ 输入 220 V 电压，通过调整 ZB₁，改变高压变压器 T₁ 的输出电压（管电压 U_3）。

4.调试

(1) 使灯丝加热电压 U_f 为 0 V（即毫安表读数为 0），调节调压器 ZB₁，使 T₁ 的输入电压 U_1 分别为 10 V、20 V、30 V，分别测出表 3-3 中各电压值。

表 3-3 空载下输入、输出电压关系表

U_1	U_2	毫安表	U_3
10 V		0	
20 V		0	
30 V		0	

(2) 调整灯丝加热电压 U_f，使管电流指示在 1 mA，分别测出表 3-4 中各电压值。

表 3-4 负载下输入、输出电压关系表

U_1	U_2	毫安表	U_3
10 V		1	
20 V		1	
30 V		1	

（3）用示波器测量 V_{CD} 的波形，记录管电压的峰值 E_P、最小值 E_L 和平均值 E_m。

（4）管电压 U_3 固定在 20 V，管电流为某一值，用示波器观测 CE、DE、CD 间的电压波形。

（5）使 U_2 的电压值为 20 V，调整灯丝电压 U_f，使管电流在 1 mA、0.5 mA、0 mA 时观测 CE、DE、CD 间的电压波形，并绘出图形。

思 考 题

1. 分析倍压整流电路的工作原理。

2. 计算管电压的脉动率。

3. 正确理解管电压脉动率和电工学中交流含量定义的不同。

4. 管电压脉动率对深部治疗机来说，在国家标准中规定在 10% 以下，从 X 线管端子看进去的滤波高压电容器的容量在 0.1 μF 以上，请考虑当脉动率增大时对 X 线的产生有何影响？

5. 在图 3-12 中整流管 D_1、D_2 所承受的反向电压与 U_2 和 U_3 有什么关系？管电流表回路的整流管 D_3、D_4 在电路中起什么作用？

实训五 三相全波整流的工作特性

1. 知识目标

（1）观测三相全波整流实验电路。

（2）了解整流电路的工作原理及特点。

2. 技能目标

（1）会分析三相全波整流电路。

（2）掌握整流电路的工作原理及特点。

实训相关知识

三相桥式全波整流电路原理如图 3-13 所示,三相全波整流电压波形如图 3-14 所示,在输出波形中,粗平直虚线是整流滤波后的平均输出电压值,虚线以下的小脉动波是整流后未经滤波的输出电压波形。

在相同的管电压和管电流条件下所产生的 X 线中软射线少, X 线有效输出量大,高

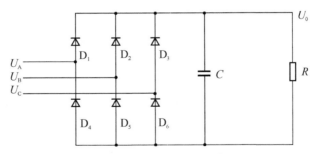

图 3-13 三相桥式全波整流电路图

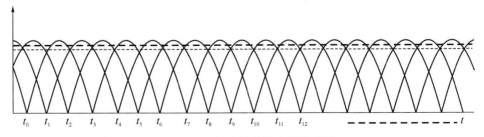

图 3-14 三相全波整流电压波形图

压波形平稳,阳极靶面负热均匀分布。

▶ **实训器材** ◀

1. X线机整流电路实验箱1台。
2. X线机三相交流变压器电源实验箱1台。
3. 三相自耦调压器1台。
4. 万用表1块。
5. 示波器1台。

▶ **实训内容** ◀

1. 三相双重六波整流实验

(1)接线:首先根据图3-15所示,将X线机三相变压器电源次级接成双Y形(初级已经接成△形,不用再连接)。然后根据图3-16连接实验接线图。

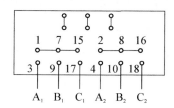

图 3-15　三相变压器连接图

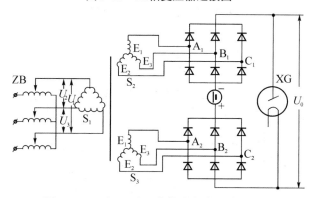

图 3-16　三相双重六波整流电路实验原理图

(2)三相自耦调压器调到零位。

(3)通电:首先给X线机整流电路实验箱(三相全波整流电路)通电,毫安表(mA)指示为零。然后给三相自耦调压器初级输入380 V电源,通过调节旋钮,改变三相自耦调压器次级ZB的输出电压,并进行下面测量。

(4)数据测量及观测波形

①在负载的情况下,当三相变压器电源初级电压为20 V,30 V,40 V时,分别测量次级电压、负载电压U_0和负载电流I_0,如表3-5所示。

表 3-5　数据测量

初级电压	次级电压	负载电压 U_0	负载电流 I_0
$U_1=U_2=U_3=20$ V	$U_{A_1B_1}$; $U_{B_1C_1}$; $U_{A_1C_1}$; $U_{A_2B_2}$; $U_{B_2C_2}$; $U_{A_2C_2}$		
$U_1=U_2=U_3=30$ V			
$U_1=U_2=U_3=40$ V			

②将 U_0 调至 20 V，用示波器观察 U_0 的波形，U_0 阳极（＋）端对地（I_0 负极）电压波形，U_0 阴极（－）端对地（I_0 负极）电压波形。

③将 A_1、B_1、C_1 任何一相断开时，用示波器观察波形的变化。

④根据示波器测量的波形，计算脉动率。

2.三相十二波整流实验

（1）接线：首先，根据图 3-17 所示，将 X 线机三相变压器电源次级接成 △ -Y 形（初级已接成△形，不用再连接）。然后，根据图 3-18 连接实验箱接线图。

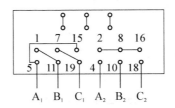

图 3-17　三相变压器连接图

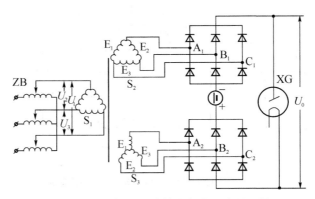

图 3-18　三相十二波整流电路实验原理图

（2）将三相自耦调压器调零。

（3）通电：首先给 X 线机整流电路实验箱（三相全波整流电路）通电，毫安表 ⑩ 指示为零。然后给三相自耦调压器初级输入 380 V 电源，通过调节旋钮，改变三相自耦调压器次级 ZB 的输出电压，并进行下面测量。

（4）数据测量及观测波形

①在负载的情况下，当三相变压器电源初级电压为 20 V、30 V、40 V 时，分别测量

次级电压、负载电压 U_0 和负载电流 I_0，如表3-5所示。

②将 U_0 调至20 V左右，用示波器观察 U_0 的波形、U_0 阳极（+）端对地（I_0 负极）电压波形，U_0 阴极（－）端对地（I_0 负极）电压波形。

③将 A_1、B_1、C_1 任一相断开，用示波器观察波形的变化。

④根据示波器测量的波形，计算脉动率。

 思 考 题

1. 实验中所观察到的波形与理想波形有什么不同？试分析两者不同的原因。

2. 三相双重六波整流与三相十二波整流波形有什么区别，为什么？

3. 三相十二波整流电路中次级△绕组和Y绕组的相电压存在什么关系？

4. 电路中若 A_1、B_1、C_1 任一相出现断路现象，对X线机的输出有何影响？

79

实训六　X线机旋转阳极启动与延时保护电路

实训目标

1.知识目标

（1）了解旋转阳极启动与延时保护电路的工作原理及在大中型X线机中所起的作用。

（2）熟悉旋转阳极启动与延时保护电路所引起的故障现象及处置方法。

2.技能目标

（1）掌握旋转阳极启动与延时保护电路的工作原理及在大中型X线机中所起的作用。

（2）会处置该电路引起的故障。

实训相关知识

（一）X线机旋转阳极启动与延时保护电路的基本组成

X线机旋转阳极启动与延时保护电路由启动电路和延时保护电路构成。其中启动电路包括阳极启动和信号取样部分B8、B6、B7。

1.阳极启动旋转（参见图3-19）

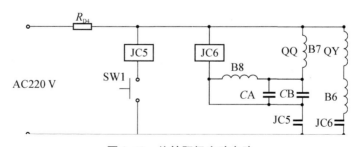

图3-19　旋转阳极启动电路

摄影时，按下手闸一挡，准备继电器JC5工作，使JC6吸合得电，启动绕组和工作绕组得电，X线管阳极旋转，同时，B8、B6、B7进行信号取样。当抬起手闸JC5、JC6断电，阳极停止转动。

2.延时保护电路

由电源变压器产生70 V的交流电压，经整流滤波，BG201稳压，作为直流电源，又经电阻R_{202}与BG206二次稳压作为BG205的基准电压。信号输入电路是由三个与门组成，每一个与门电路的信号输入电压由 B6、B7、B8 来供给，每一个与门电路由互感器绕组、整流管、滤波电容、电阻组成，如图 3-20 所示。

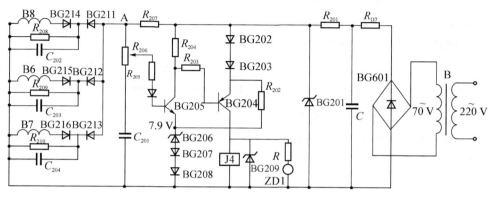

图 3-20　延时保护电路

（二）X线机旋转阳极启动与延时保护电路的工作原理

1. 当接通电源后，由于 R_{207} 的降压，使 A 点电位降低，此时，三极管 BG205 因基极电位低于发射极电位而截止，充电电容器 C_{201} 被 BG211（或 BG212、BG213）和 R_{208}（或 R_{209}、R_{210}）旁路。

2. 摄影时，按下手闸，旋转阳极启动，X 线管灯丝增温，则 B6、B7、B8 次级产生一感应电压，经 BG214（BG215、BG216）整流，C_{202}（C_{203}、C_{204}）滤波，产生约 10 V 的直流电压，使二极管 BG211、BG212、BG213 因反向电压截止，则稳压电源经 R_{207}、R_{206} 向电容 C_{201} 充电，当充到一定电位时，BG205 导通，继而 BG204 导通，推动继电器 J4 工作，为高压继电器的工作提供了条件。充电时间为 0.8 ～ 1.2 s（可调），也就是说 X 线管灯丝增温和阳极旋转启动经 1.2 s 后（全部稳定之后），摄影才能有可能。

3. 保护功能　当 X 线管灯丝断路（或启动绕组、工作绕组断路）时，B6、B7、B8 均无信号。若使其中一个门电路输入电压为低电位，只要 BG211 ～ BG213 中的某一个二极管仍在导通，则充电电容器 C_{201} 被旁路，不能充电，此时，BG204、BG205 截止，J4 不能工作，摄影控制电路不能接通，摄影无法进行，从而起到保护作用。

当启动绕组（或工作绕组、X 线管灯丝）短路时，电流过大，则熔断器 R_{D4} 烧断，也起保护作用。

4. 延时功能　调节电位器 R_{206}，可改变电容 C_{201} 充电的快慢，从而控制 J4。

◆ 实训器材 ◆

1. 旋转阳极实验箱 1 台。
2. 万用表 1 块。
3. 一字形螺丝刀 1 只。

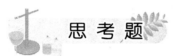

1. 接通电源,灯丝加热指示灯亮。

2. 按下 AN 按钮,摄影继电器 JC4 工作,JC6 吸合,阳极启动旋转。

3. 阳极转速表显示转速(转/分),并且显示摄影准备时间(毫秒)。

4. 数据测量:静态测试 BG201、BG204E、BG205E、A 点,动态测试阳极启动线圈,运行线圈,B6 和 B8 的电压,充电电容 C_{201} 电压,BG204C、BG205C。

5. 转速测量:用转速表测量阳极转速(转/分)。

6. 时间测量:当阳极转速在额定转速下,时间应指示在 $0.8 \sim 1.2$ s 范围内。否则,应调节电位器 R_{206}。

思考题

1. 说明旋转阳极启动与延时保护电路在大中型 X 线机中起何作用,并分析电路的工作原理。

2. 旋转阳极不转动,可能是哪些原因造成的?

3. 旋转阳极转速不够,可能是哪些原因造成的?

4. 对于实验中所遇到的故障是如何排除的?请分析之。

实训七　X线机磁饱和稳压电路

实训目标

1. 知识目标

（1）了解谐振式磁饱和稳压器铁芯线圈和电容器组成的并联电路及谐振现象。

（2）了解交流谐振式磁饱和稳压电路的工作原理。

2. 技能目标

（1）掌握谐振式磁饱和稳压器铁芯线圈和电容器组成的并联电路及谐振现象。

（2）掌握交流谐振式磁饱和稳压电路的工作原理。

实训相关知识

谐振式磁饱和稳压电路工作原理是利用磁饱和的特性制成的。它的主要部分是一个饱和变压器，这个变压器的截面积与一般变压器不同，初级线圈 L_1 铁芯截面积大，为非饱和线圈；次级线圈 L_4 铁芯截面积小，为饱和线圈。L_2 为附加线圈，L_3 为补偿线圈。L_3 补偿线圈与 L_1 初级线圈同绕在非饱和铁芯上，L_3 与 L_2 线圈的极性相反。由此可见，当电源电压增加时，铁芯内磁通量也随之增加。当次级线圈 L_4 铁芯内磁通量达到饱和时，增加的磁通量一部分漏到空气中，而次级线圈 L_4 铁芯内磁通量基本不变，于是次级线圈 L_4 所产生的输出电压也就基本不变，起到稳压的作用。随着电源电压逐渐增加，L_1 上压降增大，使 L_3 上的感应电压也增加，由于 L_3 与 L_2 线圈的极性相反，如果使 L_3 上电压增量与 L_2 上电压增量相等，则电压增量互相抵消，输出电压保持不变，起到稳压的作用。为了提高稳压器的工作效率，在磁饱和线圈 L_4 两端并联电容 C，构成并联谐振回路。

实训器材

1. X线机磁饱和稳压电路实验箱1台。

2. 示波器1台。

3. 数字万用表1块。

实训内容

根据磁饱和稳压电路实验原理（图3-21）检查无误后通电。调节自耦调压器 B_1 的输出电压,以改变谐振式磁饱和稳压器的输入电压 U_λ,测量其输出电压值 $U_{出}$,并观察输出电压的稳定范围。

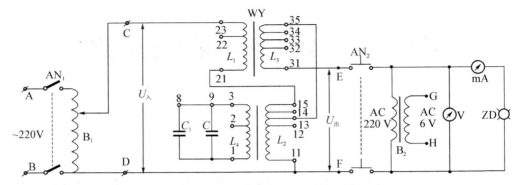

图 3-21　X 线机磁饱和稳压电路图

1. 动特性空载调试

抬起 AN_2 按钮,调节自耦调压器 B_1 的输出电压,分别测量输入电压 U_λ 为 0、20、40、60、80、100、120、140、160、180、200、220、240 V 时,所对应的谐振式磁饱和稳压器的输出电压 $U_{出}$,填入表 3-6 内,求出稳压器在空载时的稳压范围。

2. 动特性负载调试

按下 AN_2 按钮,此时将一只白炽灯接到谐振式磁饱和稳压器的输出端上作为负载。调节自耦调压器 B_1 的输出电压,分别测量输入电压 U_λ 为 0、20、40、60、80、100、120、140、160、180、200、220、240 V 时,所对应的谐振式磁饱和稳压器的输出电压及电流,填入表 3-6 内,求出稳压器有负载时的稳压范围。

3. 根据以上 1、2 两组空载调试与负载调试的实验数据,绘出空载与负载动特性曲线 U_λ-$U_{出}$。

表 3-6　动特性结果

输入电压 U_λ(V)	输出电压 $U_{出}$(V)	负载电流 I(A)	去电容
0			
20			
40			
60			
80			
100			
120			
140			
160			

（续表 3-6）

输入电压 $U_入$（V）	输出电压 $U_出$（V）	负载电流 I（A）	去电容
180			
200			
220			
240			

4. 用示波器测量磁饱和稳压器的输出电压 G-H 波形。

5. 故障设置　当去掉一个电容时,分别测量输入电压 $U_入$ 为 0、20、40、60、80、100、120、140、160、180、200、220、240 V 时,所对应的谐振式磁饱和稳压器的输出电压及电流,填入表 3-6 内,求出稳压器有负载时的稳压范围。

 思 考 题

1. 当输入电压急剧变化时,用示波器观察谐振式磁饱和稳压器的输出电压稳定性是如何变化的?

2. 电源频率变化很大时,对输出电压是否有影响?

3. 当电容容量发生变化时,对输出电压是否有影响?

实训八　X线机灯丝变频电路信号

实训目标

1. 知识目标

（1）了解 FSK302-1A 型 X 线机灯丝变频电路、稳压电路的工作原理及电路特点。

（2）测量电路各点的正常工作电压及电路的波形。

2. 技能目标

（1）掌握 FSK302-1A 型 X 线机灯丝变频电路、稳压电路的工作原理及特点。

（2）观察摄影管电流发生变化时,灯丝加热电流的波形。

实训相关知识

实验箱接通 220 V 的交流电压后,当灯丝加热正常时,一组相位差180°交流 70 V 的电压经过 BV_2、C_6、C_7 整流后输出 ±90 V 直流电压,经 LM317、LM337 三端可调稳压集成块后,在 TP_3、TP_4 点的电压为 +60 V 和 -60 V,Korder 为灯丝加热指令继电器,当灯丝加热按键按下时,该继电器工作。KLS 为大小焦点切换继电器,开机时若选择 50 mA ～ 100 mA 电流,则小焦点灯丝点亮;若选择 200 mA ～ 500 mA 电流,则大焦点灯丝点亮。

X84-4 输入的信号为电流控制信号,电流越大,输入方波信号的频率越高。集成块 D_1 为二分频计数器,方波信号经 D_1 分频,集成块 D9A ～ D11A、D9B ～ D11B 是 4538 集成块,与电阻、电容组成单稳态多谐振荡器,对相应的电流控制信号进行脉宽调制,经 4051 单通道 8 选 1 电路选通,与电流控制信号一起送 D2B 和 D2C,再经变压器 T_1、T_2 供给场效应管 G3、G4 逆变,然后送灯丝变压器初级。

实训器材

1. X 线机灯丝变频电路信号实验箱 1 台。

2. 示波器 1 台。

3. 数字万用表 1 块。

4. 一字形螺丝刀 1 只。

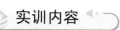

实训内容

1. 对照 FSK302-1A 型 X 线机灯丝板电路熟悉电路中各元器件,并查找电路接线和测试点。

2. 开机后将灯丝加热频率调整为 200 Hz,通过调整毫安表控制增减,选择 50 mA、100 mA 时,按下灯丝加热按钮,灯丝加热继电器 Korder 工作,此时小焦点灯泡点亮。选择 200 mA、300 mA、400 mA、500 mA 时,大焦点灯泡点亮。

3. 用万用表测量灯丝电源电压 TP_3 与 TP_5,TP_4 与 TP_5 之间的电压为 +70 V 和 -70 V,同时发光二极管 V_9、V_{10} 亮。如果电压发生变化,调整 R_{15}、R_{16} 即可。

4. 测量 $TP_2 \sim TP_1$(地)之间的电压为 14 V $\sim$ 15 V,即供应集成块的电源电压正常。

5. 用示波仪测量观察 X48-4 的控制信号波形(R_{25} 一端即 TP_1),并记录该波形的脉宽及频率。然后调整该信号频率为 400 Hz,观察波形的变化。

6. 用示波器观察测量 $TP_6 \sim TP_1$(地)之间的波形,记录该点波形的脉宽和周期。

7. 测量点 TP_7 与 TP_5 的波形,观察 TP_7 的波形。

实训提示

1. 因本电路接地点不共地,在测试波形和电压时要看好每个接地点,再进行测试。

2. 示波器测量波形时,不要使用示波器电源插头的公共地(把它剪掉),最好采用单通道测量波形,以免由于示波器的测试点连接不当造成仪器短路损坏。

3. 用万用表测量直流电压时,注意表笔的测量极性。

4. 实验过程中请勿用手触摸散热片,以免引起触电、短路现象的出现。

5. 实验箱通电后,灯丝加热按钮按下时灯丝即亮,这时抓紧时间测量参数及波形,灯丝加热时间不宜过长,此时负荷较大易造成其他元件发热损坏。

6. 做实验之前,首先将灯丝变频电路的原理弄明白后,再去测量参数及波形,否则容易造成仪器短路损坏。

思考题

1. 试分析 FSK302-1A 型 X 线机灯丝变频电路的工作原理。

2. X48-4 点的控制信号频率发生变化时,对 X 线管灯丝有何影响?

项目四　X线摄影实训

实训一　普通摄影X线机的构造与操作

实训目标

1.知识目标

（1）掌握暗盒大小的分类。

（2）熟悉普通摄影X线机、胃肠X线机、自动洗片机和暗室的基本构造。

（3）熟悉增感屏荧光的产生及影响因素。

2.技能目标

（1）学会普通摄影X线机、胃肠X线机的简单操作。

（2）学会暗盒开启、暗室装片和自动洗片机洗片。

实训器材

1.普通摄影X线机。

2.普通胃肠X线机。

3.（半）自动洗片机和暗盒。

实训内容

（一）实训步骤

1.普通X线摄片机

（1）X线管支持装置

用于将X线球管锁定在摄影所需的位置和角度上，使X线球管在一定的距离和角度上进行摄影。根据摄影需要，X线球管可以做上、下、左、右和±180°转动。根据支持装置的不同分为立柱式（图4-1、图4-2）和悬吊式（图4-3）。

（2）摄影床

也称检查床或摄影台，主要用于摄影时安置被检者进行X线摄影，可前、后、左、右移

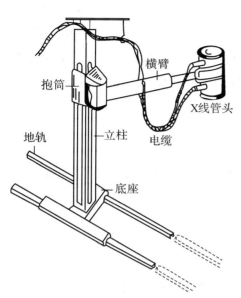

图 4-1 双地轨立柱式支持装置示意图

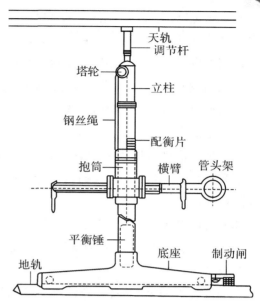

图 4-2 天地轨立柱式支持装置示意图

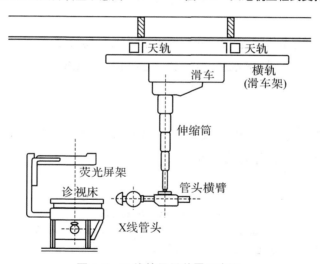

图 4-3 X线管悬吊装置示意图

动,一般均配有活动滤线器,以满足摄影的需要。

（3）滤线器

是为了消除散射线的影响、减轻 X 线照片灰雾度、提高影像质量而设计的一种摄影辅助装置。

（4）胸片架

拍摄胸部 X 线照片的专用装置。主要由基座和暗盒托架组成。暗盒托架可沿基座上下移动,使用各种尺寸规格的暗盒,通常也配有活动滤线器。

2. 胃肠道造影 X 线机构造

主要由检查床、X 线管装置、X 线高压装置、监视系统、点片装置、压迫器及附件组成。检查床可以横向或纵向移动,还可呈 90° 立位或逆向倾斜。观察系统多为影像增强器电视系统,可根据病人的体厚自动调节透视条件,实现明室环境下的遥控操作,在自动曝光控制下进行兴趣点片摄影。压迫器为扁平或突出形的筒状,用于胃肠道造影检查时局部按压,有利于钡剂涂布于黏膜上,显示出黏膜像。附件有握棒、对比剂托盘、肩拖等为检查过程中方便病人的辅助设备。

3. 暗室操作

(1) 进入暗室,开安全红灯,关闭门窗,并确定所有门窗都已安全关上。

(2) 打开储片箱和暗盒,选择合适的胶片放入暗盒,关闭储片箱和暗盒,注意开启和关闭的规范性。

(3) 对已摄 X 线片进行冲洗:从暗盒中取出胶片,送入自动洗片机冲洗胶片。

(4) 完成所有工作,打开暗室门,等待洗片机将胶片送出。

4. 自动洗片机

自动洗片机种类不同、型号各异,但基本结构包括输片系统、循环系统、温度控制系统、药液储存系统、补充系统、干燥系统和时间控制系统。

5. 暗盒分类

(1) 根据有无增感屏分为:带增感屏暗盒和不带增感屏暗盒。

(2) 根据大小不同分为:8 inch×10 inch, 10 inch×12 inch, 11 inch×14 inch, 14 inch×14 inch, 14 inch×17 inch。

6. 荧光效应

为透视的基础,某些荧光物质(如钨酸钙、铂氢化钡等)在接受 X 线照射时,能发出肉眼可见的荧光,这种现象称为荧光效应。

(二) 实训记录与结果

表 4-1　荧光效应的影响因素

	管电压	管电流	曝光时间	照射野面积	荧光强度的改变
情况一	增大	不变	不变	不变	
	减小				
情况二	不变	增大	不变	不变	
		减小			
情况三	不变	不变	延长	不变	
			缩短		
情况四	不变	不变	不变	扩大	
				缩小	

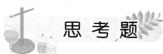
思 考 题

试述普通摄影 X 线机、胃肠道造影 X 线机及自动洗片机的构造。

实训二　颅骨、乳突普通X线摄影

实训目标

1.知识目标

（1）掌握头颅后前位、头颅侧位、乳突许氏位和乳突梅氏位普通X线摄影步骤。

（2）熟悉头颅后前位和头颅侧位普通X线照片显示结构。

2.技能目标

（1）学会使用普通X线摄片机进行头颅后前位、头颅侧位、乳突许氏位和乳突梅氏位摄片。

（2）能够正确评价头颅后前位和头颅侧位X线照片。

实训相关知识

利用X线以及增感屏发出的荧光对胶片进行感光，经化学热处理技术还原成金属银而形成一定的光学密度，其特点是低密度物质部位透过X线多，金属银沉淀多，而高密度物质部位透过X线少，金属银沉淀少，从而在胶片上呈现由黑到白不同灰度的X线照片影像。

实训器材

1.普通摄影X线机。

2.（半）自动洗片机。

3.带增感屏暗盒、胶片、铅字标记。

实训内容

（一）实训步骤

1.头颅后前位普通X线摄影体位摆放（图4-4、图4-5、图4-6）

（1）认真阅读申请单，明确摄影部位和目的，确定摄影体位为头颅后前位。

（2）认真核对被检者姓名、年龄、性别，了解病史，确定为被检者。

（3）与被检者沟通，争取被检者配合。简述X线摄影过程，控制呼吸运动为平静呼吸下屏气，确定检查前不需要做特殊准备。

（4）较好暴露摄影部位。去掉被检者头部的发卡、饰物、项链、耳环等。

（5）选择 8 inch×10 inch 或 10 inch×12 inch 大小的暗盒，竖放，并将编排好的铅字标记（X 线号、侧别和摄影日期等）按要求置于暗盒边缘内 1.5 cm 处的相应位置。

（6）摄影体位摆放。被检者俯卧于摄影床上，双下肢伸直，两臂放于头部两旁，暗盒置于被检者头颅下方，上缘超出头顶 3 cm，下缘包括下颌骨，额与鼻尖触及暗盒，头颅正中矢状面与暗盒中线垂直并重合，两侧外耳孔与暗盒等距，下颌内收，听眦线垂直于暗盒。

（7）调整 X 线球管位置，选择摄影距离为 90～100 cm，中心线对准枕外隆凸，经眉间垂直射入暗盒，调整照射野面积与胶片等大。

（8）根据摄影因素，选择适当的摄影条件，包括管电压、管电流和曝光时间。

（9）复查体位，嘱被检者保持体位不动，平静呼吸下屏气后曝光。

（10）曝光后，确定照片处理符合要求后方可让被检者离开。

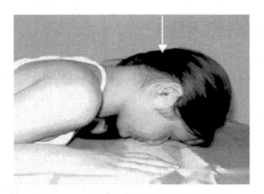

图 4-4　头颅后前位体位摆放示意图

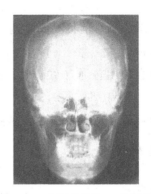

图 4-5　头颅后前位 X 线照片

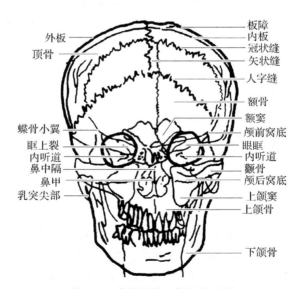

图 4-6　头颅后前位解剖显示图

2. 头颅侧位普通 X 线摄影体位摆放（图 4-7、图 4-8、图 4-9）

（1）摄影体位摆放前的一切准备同头颅后前位。

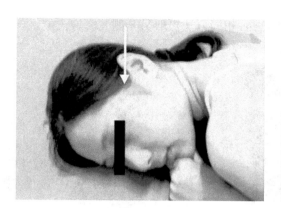

图 4-7　头颅侧位体位摆放示意图

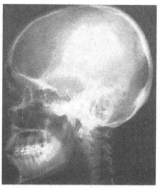

图 4-8　头颅侧位 X 线照片

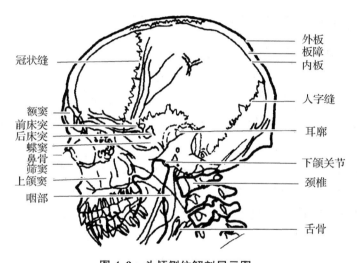

图 4-9　头颅侧位解剖显示图

（2）摄影体位摆放要点：被检者俯卧于摄影床上，身体长轴与床面中线平行。被检侧上肢内旋置于身旁，下肢伸直，对侧上肢曲肘握拳垫于颏下，下肢屈曲以支撑身体。头部侧转，被检侧靠近暗盒，暗盒上缘包括头顶，下缘包括颏部，前缘包括鼻尖，后缘包括枕外隆凸，头颅矢状面与暗盒平行，瞳间线与暗盒垂直。

（3）调整 X 线球管位置，选择摄影距离为 90 ～ 100 cm，中心线经对侧外耳孔前上各 2.5 cm 处垂直射入胶片，调整照射野面积与胶片等大。

3. 乳突许氏位普通 X 线摄影体位摆放（图 4-10）

（1）摄影体位摆放前的一切准备同头颅后前位。

（2）摄影体位摆放要点：被检者俯卧，头侧置成标准头颅侧位，被检侧耳廓向前折叠，并紧贴暗盒。患侧外耳孔置于暗盒中心，下颌稍内收，使听眶线垂直台边和暗盒。被检侧上肢内旋，置于身后，对侧上肢屈曲握拳垫于下颌下以支撑颌部。

（3）调整 X 线球管位置，选择摄影距离为 90 ～ 100 cm，中心线向足侧倾斜 25° 角，通过被检侧外耳孔射入暗盒中心，调整照射野面积与胶片等大。

（4）一侧摄影完毕后，头颅转 180° 角，相同方法摄取另一侧乳突许氏位。

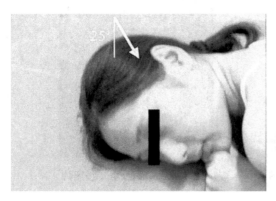
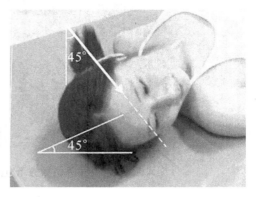

图 4-10 乳突许氏位体位摆放示意图   图 4-11 乳突梅氏位体位摆放示意图

4. 乳突梅氏位普通 X 线摄影体位摆放（图 4-11）

（1）摄影体位摆放前的一切准备同头颅后前位。

（2）摄影体位摆放要点：被检者仰卧，身体长轴与床面中线平行，面部转向被检侧，头部正中矢状面与暗盒成 45° 角，被检侧耳廓向前折叠，耳轮后沟置于暗盒正中线上。下颌内收，听眶线与台边垂直。

（3）调整 X 线球管位置，选择摄影距离为 90 ～ 100 cm，中心线向足侧倾斜 45° 角，通过被检侧乳突射入暗盒中心，调整照射野面积与胶片等大。

（4）一侧摄影完毕后，头颅转 90° 角，相同方法摄取另一侧乳突梅氏位。

（二）实训记录与结果

表 4-2 实训结果记录表

摄影体位	管电压（kV）	管电流（mA$_s$）	曝光时间（ms）	焦—片距（cm）
头颅后前位				
头颅侧位				
乳突许氏位				
乳突梅氏位				

 思 考 题

1. 头颅后前位、头颅侧位普通 X 线照片显示结构有哪些？

2. 为什么头颅正位一般采用后前位，而不采用前后位？

3. 乳突许氏位和乳突梅氏位摄影体位差异有哪些？

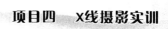
实训三　副鼻窦、鼻骨普通X线摄影

实训目标

1.知识目标

（1）掌握副鼻窦瓦氏位、副鼻窦柯氏位和鼻骨侧位普通X线摄影步骤。

（2）熟悉副鼻窦瓦氏位、副鼻窦柯氏位和鼻骨侧位X线照片显示结构。

2.技能目标

（1）学会使用普通X线摄片机进行副鼻窦瓦氏位、副鼻窦柯氏位和鼻骨侧位摄片。

（2）能够正确评价副鼻窦瓦氏位、副鼻窦柯氏位和鼻骨侧位X线照片。

实训相关知识

利用X线以及增感屏发出的荧光对胶片进行感光,经化学热处理技术还原成金属银而形成一定的光学密度,其特点是低密度物质部位透过X线多,金属银沉淀多,而高密度物质部位透过X线少,金属银沉淀少,从而在胶片上呈现由黑到白不同灰度的X线照片影像。

实训器材

1.普通摄影X线机。

2.（半）自动洗片机。

3.带增感屏暗盒、胶片、铅字标记。

实训内容

（一）实训步骤

1.副鼻窦瓦氏位普通X线摄影体位摆放（图4-12、图4-13）

（1）认真阅读申请单,明确摄影部位和目的,确定摄影体位为副鼻窦瓦氏位。

（2）认真核对被检者姓名、年龄、性别,了解病史,确定为被检者。

（3）与被检者沟通,争取被检者配合。简述X线摄影过程,控制呼吸运动为平静呼吸下屏气,确定检查前不需要做特殊准备。

（4）较好暴露摄影部位。去掉被检者头部的发卡、饰物、项链、耳环等。

（5）选择8 inch×10 inch大小的暗盒,竖放,并将编排好的铅字标记（X线号、侧别和摄影日期等）按要求置于暗盒边缘内 1.5 cm 处的相应位置。

（6）摄影体位摆放。被检者俯卧，两上肢屈曲置于头颅两侧，双下肢伸直。颏部紧贴暗盒，暗盒上缘包括头顶，下缘包括下颌，头部正中矢状面与暗盒中线垂直并重合。头稍后仰，使听眦线与暗盒成 37° 角，两侧外耳孔与暗盒等距，鼻尖对准暗盒中心。

（7）调整 X 线球管位置，选择摄影距离为 90 ～ 100 cm，中心线对准鼻尖与上唇间连线中点（或对准鼻尖）垂直射入暗盒，调整照射野面积与胶片等大。

（8）根据摄影因素，选择适当的摄影条件，包括管电压、管电流和曝光时间。

（9）复查体位，嘱被检者保持体位不动，平静呼吸下屏气后曝光。

（10）曝光后，确定照片处理符合要求后方可让被检者离开。

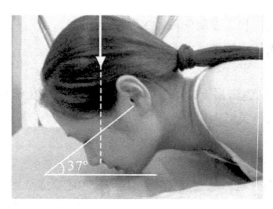
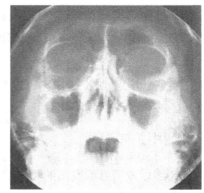

图 4-12　副鼻窦瓦氏位体位摆放示意图　　　图 4-13　副鼻窦瓦氏位 X 线照片

2.副鼻窦柯氏位普通 X 线摄影体位摆放（图 4-14、图 4-15）

（1）摄影体位摆放前准备同前。

（2）摄影体位摆放要点：标准的头颅后前位。被检者俯卧，两上肢放于头部两侧，双下肢伸直。头部正中矢状面与暗盒中线垂直并重合，下颌内收，鼻额紧贴暗盒，听眦线垂直暗盒，鼻根置于暗盒中心。

（3）调整 X 线球管位置，选择摄影距离为 90 ～ 100 cm，中心线向足侧倾斜 23° 角，

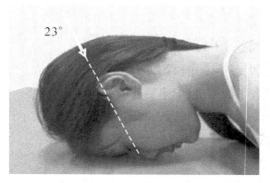
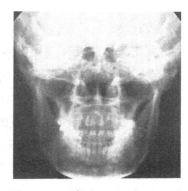

图 4-14　副鼻窦柯氏位体位摆放示意图　　　图 4-15　副鼻窦柯氏位 X 线照片

经鼻根部射入暗盒中心,调节照射野面积与胶片等大。

3.鼻骨侧位普通X线摄影体位摆放(图4-16、图4-17)

(1)摄影体位摆放前准备同前。

(2)摄影体位摆放要点:被检者俯卧,头颅成标准侧位,头部侧转,头颅正中矢状面与暗盒平行,瞳间线与暗盒垂直,鼻根部下方2 cm处位于暗盒中心。

(3)调整X线球管位置,选择摄影距离为90～100 cm,中心线对准鼻根下2 cm处垂直射入暗盒,调整照射野面积与胶片等大。

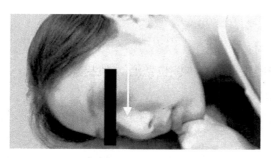

图4-16 鼻骨侧位体位摆放示意图

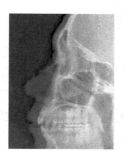

图4-17 鼻骨侧位X线照片

(二)实训记录与结果

表4-3 实训结果记录表

摄影体位	管电压(kV)	管电流(mAₛ)	曝光时间(ms)	焦—片距(cm)
副鼻窦瓦氏位				
副鼻窦柯氏位				
鼻骨侧位				

 思 考 题

1.试述副鼻窦瓦氏位、副鼻窦柯氏位和鼻骨侧位普通X线照片显示结构及评价标准。

2.副鼻窦瓦氏位和副鼻窦柯氏位各自的摄影目的是什么?

3.评价所摄照片质量,简要分析照片成败原因。

实训四　颈椎、胸椎普通 X 线摄影

实训目标

1.知识目标

（1）掌握颈椎正位、颈椎侧位、胸椎正位和胸椎侧位普通 X 线摄影步骤。

（2）熟悉颈椎斜位普通 X 线摄影要点。

（3）熟悉颈椎正位、颈椎侧位、颈椎斜位、胸椎正位和胸椎侧位 X 线照片显示结构。

2.技能目标

（1）学会使用普通 X 线摄片机进行颈椎正位、颈椎侧位、胸椎正位和胸椎侧位摄片。

（2）能够正确评价颈椎正位、颈椎侧位、胸椎正位和胸椎侧位 X 线照片。

实训相关知识

　　利用 X 线以及增感屏发出的荧光对胶片进行感光，经化学热处理技术还原成金属银而形成一定的光学密度，其特点是低密度物质部位透过 X 线多，金属银沉淀多，而高密度物质部位透过 X 线少，金属银沉淀少，从而在胶片上呈现由黑到白不同灰度的 X 线照片影像。

实训器材

1.普通摄影 X 线机。

2.（半）自动洗片机。

3.带增感屏暗盒、胶片、铅字标记。

实训内容

（一）实训步骤

1.颈椎正位普通 X 线摄影体位摆放（图 4-18、图 4-19、图 4-20）

（1）认真阅读申请单，明确摄影部位和目的，确定摄影体位为颈椎正位。

（2）认真核对被检者姓名、年龄、性别，了解病史，确定为被检者。

（3）与被检者沟通，争取被检者配合。简述 X 线摄影过程，控制呼吸运动为平静呼吸下屏气，确定检查前不需要做特殊准备。

（4）较好暴露摄影部位。去掉被检者颈部饰物如项链、耳环等。

（5）选择 8 inch×10 inch 大小的暗盒，竖放于摄影架滤线器托盘内，并将编排好的铅字标记（X线号、侧别和摄影日期等）按要求置于摄影架面板上的相应位置。

（6）摄影体位摆放。被检者站立于摄影架前，颈背部靠近摄影架面板，胶片上缘超过外耳孔，下缘包括第一胸椎。人体正中矢状面垂直摄影架面板并与面板中线重合。头稍后仰，使上颌门齿咬合面至乳突尖的连线垂直于面板或听鼻线垂直于面板。

（7）调整 X 线球管位置，选择摄影距离为 100～150 cm，中心线向头侧倾斜 10°～15° 角，对准甲状软骨射入暗盒中心，调整照射野面积与胶片等大。

（8）根据摄影因素，选择适当的摄影条件，包括管电压、管电流和曝光时间。

（9）复查体位，嘱被检者保持体位不动，平静呼吸下屏气后曝光。

（10）曝光后，确定照片处理符合要求后方可让被检者离开。

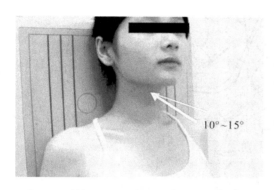

图 4-18　第 3～7 颈椎前后位体位摆放示意

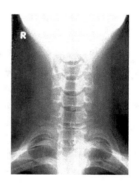

图 4-19　第 3～7 颈椎前后位 X 线照片

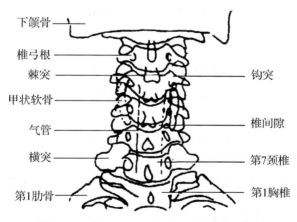

图 4-20　第 3～7 颈椎前后位解剖显示图

2. 颈椎侧位普通 X 线摄影体位摆放（图 4-21、图 4-22、图 4-23）

（1）摄影体位摆放前准备同前。

（2）摄影体位摆放要点：被检者侧立于摄影架前，两足分开使身体站稳，胶片上缘包括外耳孔，下缘包括肩峰。头颈部正中矢状面平行于摄影架面板，外耳孔与肩峰连线位于胶片中线。头部后仰，下颌前伸，上颌门齿咬合面与乳突尖端连线与地面平行。双肩

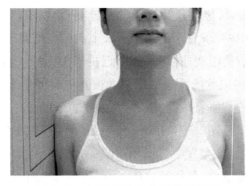

图 4-21　颈椎侧位体位摆放示意图

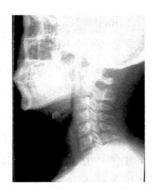

图 4-22　颈椎侧位 X 线照片

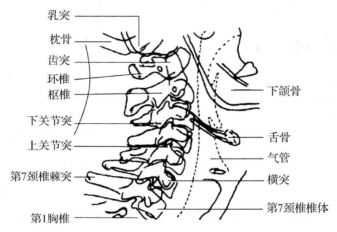

乳突
枕骨
齿突
环椎
枢椎
下关节突
上关节突
第7颈椎棘突
第1胸椎

下颌骨
舌骨
气管
横突
第7颈椎椎体

图 4-23　颈椎侧位解剖显示图

尽量下垂,必要时辅以外力向下牵引。

（3）暗盒置于摄影架滤线器托盘内,调整 X 线球管位置,选择摄影距离为 100～150 cm,中心线经甲状软骨平面颈部的中点,水平方向垂直射入暗盒中心,调整照射野面积与胶片等大。

3.颈椎斜位（右前斜位）普通 X 线摄影体位摆放（图 4-24、图 4-25、图 4-26）

（1）摄影体位摆放前准备同前。

（2）摄影体位摆放要点：被检者取站立位,面向摄影架,右前胸部靠近摄影架面板,

图 4-24　颈椎右前斜位体位摆放示意图

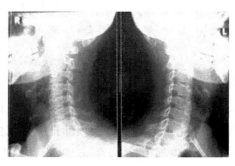

图 4-25　颈椎双斜位 X 线照片

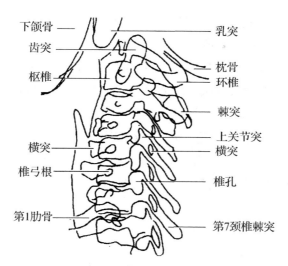

图 4-26　颈椎斜位解剖显示图

图中标注：下颌骨　齿突　枢椎　横突　椎弓根　第1肋骨　乳突　枕骨　环椎　棘突　上关节突　横突　椎孔　第7颈椎棘突

使人体冠状面与摄影架面板成 55°～65° 角。胶片上缘包括外耳孔，下缘包括第一胸椎。颈椎序列长轴置于面板中线。下颌稍前伸，上肢尽量下垂。

（3）暗盒置于摄影架滤线器托盘内，调整 X 线球管位置，选择摄影距离为 100～150 cm，中心线对准甲状软骨平面颈部中点，水平方向垂直射入暗盒中心，调整照射野面积与胶片等大。

4.胸椎正位普通 X 线摄影体位摆放（图 4-27、图 4-28）

（1）摄影体位摆放前准备同前。

（2）摄影体位摆放要点：被检者仰卧于摄影床上，人体正中矢状面垂直床面并与床面中线重合。头稍后仰，双上肢放于身体两侧并外展，暗盒上缘包括第 7 颈椎，下缘包括第 1 腰椎。

（3）调整 X 线球管位置，选择摄影距离为 90～100 cm，中心线对准双侧肩胛下角连线中点垂直射入暗盒中心，调整照射野面积与胶片等大。

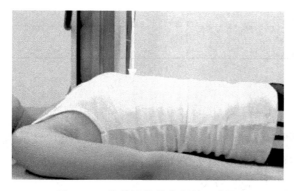

图 4-27　胸椎正位体位摆放示意图

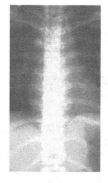

图 4-28　胸椎正位 X 线照片

5. 胸椎侧位普通 X 线摄影体位摆放（图 4-29、图 4-30）

（1）摄影体位摆放前准备同前。

（2）摄影体位摆放要点：被检者侧卧于摄影床上，双侧上肢尽量上举抱头，双下肢屈曲，膝部上移。腰部垫以棉垫，使胸椎序列平行于床面，并置于床面中线。暗盒上缘包括第 7 颈椎，下缘包括第 1 腰椎。

（3）暗盒置于摄影床滤线器托盘内，调整 X 线球管位置，选择摄影距离为 100 cm，中心线对准第 7 胸椎垂直射入暗盒（腰部如不垫棉垫，中心线应向头部倾斜 5°～10°角，使中心线与胸椎长轴垂直），调整照射野面积与胶片等大。

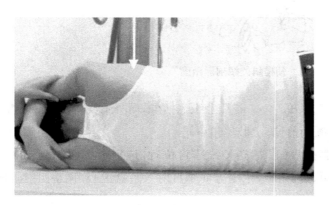

图 4-29　胸椎侧位体位摆放示意图

图 4-30　胸椎侧位 X 线照片

（二）实训记录与结果

表 4-4　实训结果记录

摄影体位	管电压（kV）	管电流（mA$_s$）	曝光时间（ms）	焦—片距（cm）
颈椎正位				
颈椎侧位				
胸椎正位				
胸椎侧位				

 思 考 题

1. 试述颈椎正位、颈椎侧位、颈椎斜位、胸椎正位和胸椎侧位的 X 线照片显示结构。

2. 简述颈椎正位与颈椎斜位普通 X 线摄影效果的不同。

3. 评价自己所摄 X 线片，并简要分析成败原因。

实训五　腰椎、骶尾椎和骨盆普通X线摄影

实训目标

1. 知识目标

（1）掌握腰椎正位、腰椎侧位和骨盆正位普通X线摄影步骤。

（2）熟悉骶尾椎正位普通X线摄影要点。

（3）熟悉腰椎正位、腰椎侧位、骶尾椎正位和骨盆正位X线照片显示结构。

2. 技能目标

（1）学会使用普通X线摄片机进行腰椎正位、腰椎侧位和骨盆正位摄片。

（2）能够正确评价腰椎正位、腰椎侧位和骨盆正位X线照片。

实训相关知识

利用X线以及增感屏发出的荧光对胶片进行感光，经化学热处理技术还原成金属银而形成一定的光学密度，其特点是低密度物质部位透过X线多，金属银沉淀多，而高密度物质部位透过X线少，金属银沉淀少，从而在胶片上呈现由黑到白不同灰度的X线照片影像。

实训器材

1. 普通摄影X线机。

2.（半）自动洗片机。

3. 带增感屏暗盒、胶片、铅字标记。

实训内容

（一）实训步骤

1. 腰椎正位普通X线摄影体位摆放（图4-31、图4-32、图4-33）

（1）认真阅读申请单，明确摄影部位和目的，确定摄影体位为腰椎正位。

（2）认真核对被检者姓名、年龄、性别，了解病史，确定为被检者。

（3）与被检者沟通，争取被检者配合。简述X线摄影过程，控制呼吸运动为深呼气后屏气，检查前可以不做特殊准备。

（4）较好暴露摄影部位。去掉被检者腰部异物如皮带、拉链、金属饰物、膏药等。

（5）选择 10 inch×12 inch 大小的暗盒,竖放于摄影床滤线器托盘内,并将编排好的铅字标记（X 线号、侧别和摄影日期等）按要求置于暗盒边缘内 1.5 cm 处的相应位置。

（6）摄影体位摆放。被检者仰卧于摄影床上,双上肢放于身体两侧外展或上举抱头。人体正中矢状面垂直于床面并与床面中线重合,双侧髋关节屈曲,使腰部更贴近于床面,以矫正腰椎生理弯曲度,减少失真。暗盒上缘包括第 12 胸椎,暗盒下缘包括第 1 骶椎。

（7）调整 X 线球管位置,选择摄影距离为 90～100 cm,中心线对准脐上 3 cm 垂直射入暗盒中心,调整照射野面积与胶片等大。

（8）根据摄影因素,选择适当的摄影条件,包括管电压、管电流和曝光时间。

（9）复查体位,嘱被检者保持体位不动,深呼气后屏气曝光。

（10）曝光后,确定照片处理符合要求后方可让被检者离开。

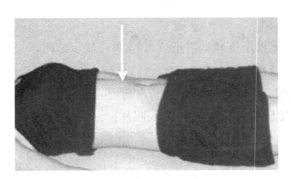

图 4-31　腰椎正位体位摆放示意图

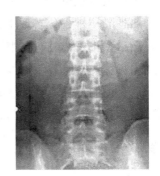

图 4-32　腰椎正位 X 线照片

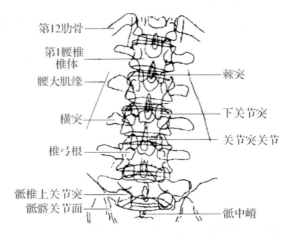

图 4-33　腰椎正位解剖显示图

2.腰椎侧位普通 X 线摄影体位摆放（图 4-34、图 4-35、图 4-36）

（1）摄影体位摆放前准备同前。

（2）摄影体位摆放要点:被检者侧卧于摄影床上,双上肢尽量上举抱头,双下肢并拢屈髋屈膝支撑身体,腰部用棉垫垫平,腰椎序列平行于床面中线并与床面中线重合。暗盒上缘包括第 12 胸椎,下缘包括第 1 骶椎。

（3）暗盒置于摄影床滤线器托盘内,调整 X 线球管位置,选择摄影距离为 100 cm,中心线对准第 3 腰椎水平垂直射入暗盒,调整照射野面积与胶片等大。

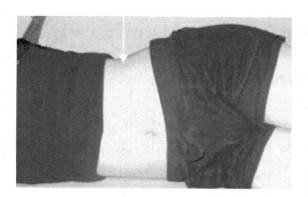

图 4-34　腰椎侧位体位摆放示意图

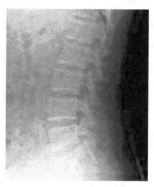

图 4-35　腰椎侧位 X 线照片

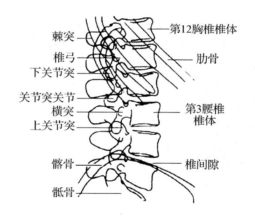

图 4-36　腰椎侧位解剖显示图

3.骶椎正位（尾椎正位）普通 X 线摄影体位摆放（图 4-37、图 4-38）

（1）摄影体位摆放前准备同前。

（2）摄影体位摆放要点:被检者仰卧于摄影床上,人体正中矢状面垂直于床面并与

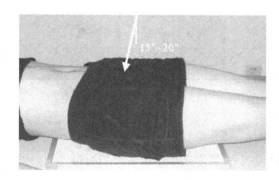

图 4-37　骶椎正位体位摆放示意图

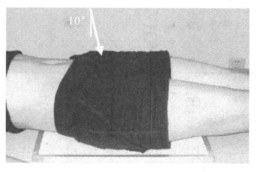

图 4-38　尾椎正位体位摆放示意图

床面中线重合,双上肢置于身体两侧,双下肢伸直,两脚踇趾并拢,暗盒上缘包括髂嵴,下缘包括耻骨联合。

(3)暗盒置于滤线器托盘内,调整 X 线球管位置,选择摄影距离为 90～100 cm,中心线头侧倾斜 15°～20° 角,对准耻骨联合上缘 3 cm 处射入暗盒(尾椎正位,体位摆放基本同骶椎正位,中心线向足侧倾斜 10°～15° 角,对准耻骨联合上缘 3 cm 处射入暗盒),调整照射野面积与胶片等大。

4.骨盆正位普通 X 线摄影体位摆放(图 4-39、图 4-40)

(1)摄影体位摆放前准备同前。

(2)摄影体位摆放要点:被检者仰卧于摄影床上,人体正中矢状面与床面中线垂直并重合,双上肢放于身体两侧外展,双下肢伸直,两踇趾内旋并拢,两侧髂前上棘至床面距离相等。暗盒上缘包括髂嵴,下缘达耻骨联合上缘下方 10 cm。

(3)调整 X 线球管位置,选择摄影距离为 100 cm,中心线对准双侧髂前上棘连线中点与耻骨联合上缘连线的中点垂直射入,调整照射野面积与胶片等大。

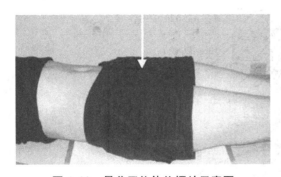

图 4-39　骨盆正位体位摆放示意图

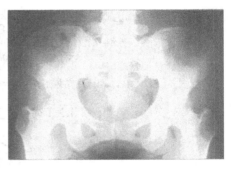

图 4-40　骨盆正位 X 线照片

(二)实训记录与结果

表 4-5　实训结果记录表

摄影体位	管电压(kV)	管电流(mA$_s$)	曝光时间(ms)	焦—片距(cm)
腰椎正位				
腰椎侧位				
骨盆正位				

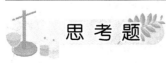 思 考 题

1.试述腰椎正位、腰椎侧位和骨盆正位普通 X 线照片显示结构及评价标准。

2.评价自己所摄 X 线片,并简要分析成败原因。

实训六 手、腕关节和尺桡骨普通X线摄影

实训目标

1.知识目标

（1）掌握手掌后前位、掌下斜位、腕关节正位、腕关节侧位、尺桡骨前后位和尺桡骨侧位普通X线摄影步骤。

（2）熟悉上述各摄影体位的X线照片显示结构及评价标准。

2.技能目标

（1）学会使用普通X线摄片机进行手掌后前位、掌下斜位、腕关节正位、腕关节侧位、尺桡骨前后位和尺桡骨侧位摄片。

（2）能够正确评价手掌后前位、掌下斜位、腕关节正位、腕关节侧位、尺桡骨前后位和尺桡骨侧位X线照片。

实训相关知识

利用X线以及增感屏发出的荧光对胶片进行感光,经化学热处理技术还原成金属银而形成一定的光学密度,其特点是低密度物质部位透过X线多,金属银沉淀多,而高密度物质部位透过X线少,金属银沉淀少,从而在胶片上呈现由黑到白不同灰度的X线照片影像。

实训器材

1.普通摄影X线机。

2.（半）自动洗片机。

3.带增感屏暗盒、胶片、铅字标记。

实训内容

（一）实训步骤

1.手掌后前位普通X线摄影体位摆放（图4-41、图4-42、图4-43）

（1）认真阅读申请单,明确摄影部位和目的,确定摄影体位为手掌后前位。

（2）认真核对被检者姓名、年龄、性别,了解病史,确定为被检者。

（3）与被检者沟通,争取被检者配合。简述X线摄影过程,控制呼吸运动为平静呼

吸,确定检查前不需要做特殊准备。

（4）较好暴露摄影部位。去掉被检部位的异物,如手链、手表等。

（5）选择 8 inch×10 inch 大小的暗盒,竖放于摄影床面上,并将编排好的铅字标记（X 线号、侧别和摄影日期等）按要求置于暗盒边缘内 1.5 cm 处的相应位置。

（6）摄影体位摆放。被检者坐于摄影床一端,曲肘约 90°,被检侧手掌心向下平放于暗盒上,五指自然分开伸直,将第 3 掌骨头置于暗盒中心。

（7）调整 X 线球管位置,选择摄影距离为 90～100 cm,中心线对准第 3 掌骨头垂直射入暗盒,调整照射野面积与胶片等大。

（8）根据摄影因素,选择适当的摄影条件,包括管电压、管电流和曝光时间。

（9）复查体位,嘱被检者保持体位不动,平静呼吸下曝光。

（10）曝光后,确定照片处理符合要求后方可让被检者离开。

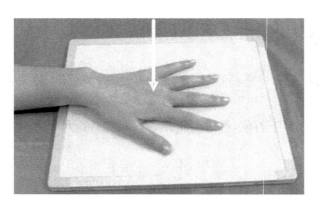

图 4-41　手掌后前位体位摆放示意图

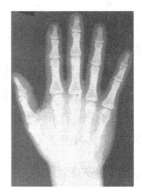

图 4-42　手掌后前位 X 线照片

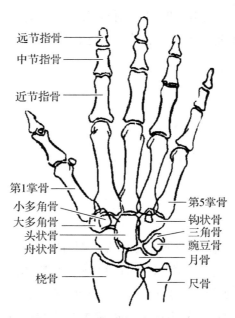

图 4-43　手掌后前位解剖显示图

2. 掌下斜位普通 X 线摄影体位摆放（图 4-44、图 4-45）

（1）摄影体位摆放前准备同前。

（2）摄影体位摆放要点：被检者侧坐于摄影床一端，屈肘约 90°，被检侧掌心向下，掌面与暗盒约呈 45° 夹角，各手指均匀分开且稍弯曲，并使指尖触及暗盒，将第 3 掌骨头置于暗盒中心。

（3）调整 X 线球管位置，选择摄影距离为 90 ～ 100 cm，中心线对准第 5 掌骨头垂直射入暗盒，调整照射野面积与胶片等大。

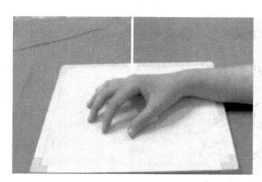 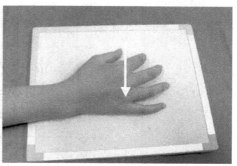

图 4-44　掌下斜位体位摆放示意图

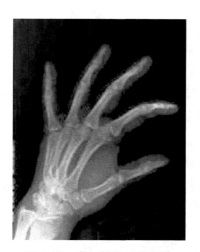

图 4-45　掌下斜位 X 线照片

3. 腕关节正位普通 X 线摄影体位摆放（图 4-46、图 4-47、图 4-48）

（1）摄影体位摆放前准备同前。

（2）摄影体位摆放要点：被检者坐位，屈肘约 90°，腕关节呈后前位，将腕关节置于暗盒中心，手半握拳，腕部掌面紧贴暗盒。

（3）调整 X 线球管位置，选择摄影距离 90 ～ 100 cm，中心线对准尺骨茎突和桡骨茎突连线中点垂直射入暗盒，调整照射野面积与胶片等大。

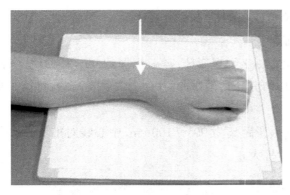

图 4-46　腕关节正位体位摆放示意图

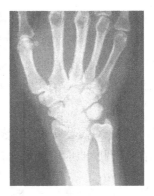

图 4-47　腕关节正位 X 线片

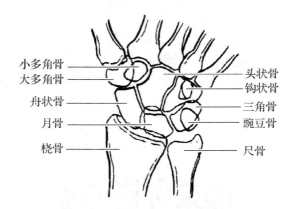

图 4-48　腕关节正位解剖显示图

4. 腕关节侧位普通 X 线摄影体位摆放（图 4-49、图 4-50）

（1）摄影体位摆放前准备同前。

（2）摄影体位摆放要点：被检者坐于摄影床旁，被检侧手呈半握拳或伸直，腕部尺侧在下（靠近暗盒），尺骨茎突置于胶片中心。

（3）调整 X 线球管位置，选择摄影距离为 90 ～ 100 cm，中心线对准桡骨茎突垂直射入暗盒，调整照射野面积与胶片等大。

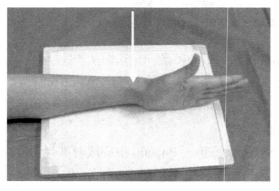

图 4-49　腕关节侧位体位摆放示意图

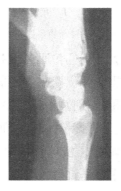

图 4-50　腕关节侧位 X 线片

5.尺桡骨前后位普通 X 线摄影体位摆放（图 4-51、图 4-52、图 4-53）

（1）摄影体位摆放前准备同前。

（2）摄影体位摆放要点：被检者坐于摄影床旁，被检侧前臂伸直，背侧在下平放于暗盒上，前臂长轴与暗盒长轴一致。腕部稍外旋使前臂远端保持正位体位，前臂中点置于暗盒中点，暗盒上缘包括肘关节，下缘包括腕关节。

（3）调整 X 线球管位置，选择摄影距离为 90 ～ 100 cm，中心线对准前臂中点垂直射入暗盒，调整照射野面积与胶片等大。

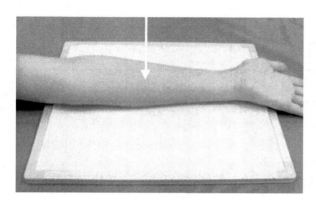
图 4-51　尺桡骨前后位体位摆放示意图

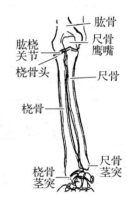

图 4-52　尺桡骨前后位 X 线照片　　图 4-53　尺桡骨前后位解剖显示图

6.尺桡骨侧位普通 X 线摄影体位摆放（图 4-54、图 4-55）

（1）摄影体位摆放前准备同前。

（2）摄影体位摆放要点：被检者坐于摄影台一端，屈肘约 90°，前臂成侧位，尺侧贴近暗盒，肩部尽量下移，接近肘部高度。暗盒上缘包括肘关节，下缘包括腕关节。

（3）调整 X 线球管位置，选择摄影距离 90 ～ 100 cm，中心线对准前臂中点垂直射入暗盒中心，调整照射野面积与胶片等大。

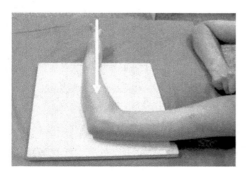
图 4-54　尺桡骨侧位体位摆放示意图

图 4-55　尺桡骨侧位 X 线照片

（二）实训记录与结果

表 4-6　实训结果记录表

摄影体位	管电压（kV）	管电流（mA$_s$）	曝光时间（ms）	焦—片距（cm）
手掌后前位				
掌下斜位				
腕关节正位				
腕关节侧位				
尺桡骨前后位				
尺桡骨侧位				

 思 考 题

1. 分析手掌后前位、掌下斜位、腕关节正位、腕关节侧位、尺桡骨前后位和尺桡骨侧位普通 X 线照片显示结构及评价标准。

2. 评价所摄 X 线片，并简要分析成败原因。

实训七　肘关节、肱骨、肩关节普通X线摄影

实训目标

1.知识目标

（1）掌握肘关节正位、肘关节侧位、肱骨正位、肱骨侧位的普通X线摄影步骤。

（2）熟悉肩关节前后位普通X线摄影要点。

（3）熟悉肘关节正位、肘关节侧位、肱骨正位、肱骨侧位和肩关节前后位X线照片显示结构。

2.技能目标

（1）学会使用普通X线摄片机进行肘关节正位、肘关节侧位、肱骨正位和肱骨侧位摄片。

（2）能够正确评价肘关节正位、肘关节侧位、肱骨正位和肱骨侧位X线照片。

实训相关知识

利用X线以及增感屏发出的荧光对胶片进行感光,经化学热处理技术还原成金属银而形成一定的光学密度,其特点是低密度物质部位透过X线多,金属银沉淀多,而高密度物质部位透过X线少,金属银沉淀少,从而在胶片上呈现由黑到白不同灰度的X线照片影像。

实训器材

1.普通摄影X线机。

2.(半)自动洗片机。

3.带增感屏暗盒、胶片、铅字标记。

实训内容

（一）实训步骤

1.肘关节正位普通X线摄影体位摆放（图4-56、图4-57、图4-58）

（1）认真阅读申请单,明确摄影部位和目的,确定摄影体位为肘关节正位。

（2）认真核对被检者姓名、年龄、性别,了解病史,确定为被检者。

（3）与被检者沟通,争取被检者配合。简述X线摄影过程,控制呼吸运动为平静呼

吸,确定检查前不需要做特殊准备。

（4）较好暴露摄影部位。注意被检者摄影部位衣物的处理等。

（5）选择 8 inch×10 inch 或 10 inch×12 inch 大小的暗盒,一分为二,横放于摄影床面上,并将编排好的铅字标记(X 线号、侧别和摄影日期等)按要求置于暗盒边缘内 1.5 cm 处的相应位置。

（6）摄影体位摆放。被检者侧坐于摄影床旁,被检侧肘关节伸直,背侧靠近暗盒,尺骨鹰嘴置于暗盒中心。

（7）调整 X 线球管位置,选择摄影距离为 90～100 cm,中心线对准肘关节间隙垂直射入暗盒中心,调整照射野面积与胶片等大。

（8）根据摄影因素,选择适当的摄影条件,包括管电压、管电流和曝光时间。

（9）复查体位,嘱被检者保持体位不动,平静呼吸下曝光。

（10）曝光后,确定照片处理符合要求后方可让被检者离开。

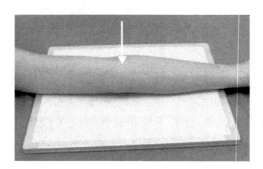

图 4-56　肘关节正位体位摆放示意图

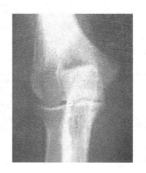

图 4-57　肘关节正位 X 线照片

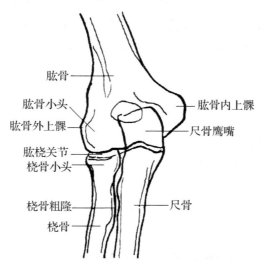

图 4-58　肘关节正位解剖显示图

2.肘关节侧位普通 X 线摄影体位摆放(图 4-59、图 4-60、图 4-61)

（1）摄影体位摆放前准备同前。

（2）摄影体位摆放要点：被检者侧坐于摄影床一端，屈肘90°，肘关节内侧紧贴暗盒中心。手掌心面对被检者，拇指在上，尺侧在下，成侧立姿势。肩部尽量下移，平肘高度。

（3）调整X线球管位置，选择摄影距离90～100 cm，中心线对准肘关节间隙垂直射入暗盒中心，调整照射野面积与胶片等大。

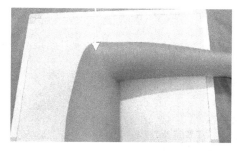 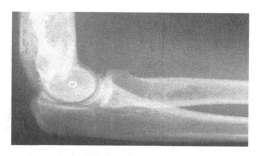

图 4-59　肘关节侧位体位摆放示意图　　　　图 4-60　肘关节侧位X线照片

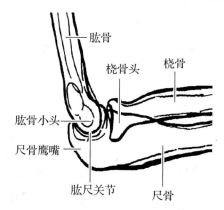

图 4-61　肘关节侧位解剖显示图

3.肱骨正位普通X线摄影体位摆放（图 4-62、图 4-63、图 4-64）

（1）摄影体位摆放前准备同前。

（2）摄影体位摆放要点：被检者仰卧于摄影台上，手臂伸直稍外展，掌心向上，对侧肩部稍垫高，使被检侧上臂尽量贴近暗盒，肱骨长轴与暗盒长轴一致，暗盒上缘包括肩关节，下缘包括肘关节。

（3）调整X线球管位置，选择摄影距离为90～100 cm，中心线对准肱骨中点垂直射

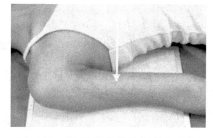 

图 4-62　肱骨正位体位摆放示意图　　　　图 4-63　肱骨正位X线照片

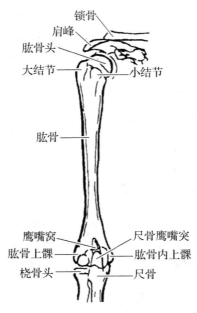

图 4-64　肱骨正位解剖显示图

入暗盒中,调整照射野面积与胶片等大。

4. 肱骨侧位普通 X 线摄影体位摆放
(图 4-65、图 4-66、图 4-67)

(1)摄影体位摆放前准备同前。

(2)摄影体位摆放要点:被检者仰卧于摄影床上,被检侧上臂稍外展,屈肘呈90°,手置于腹部,肱骨呈侧位,且将肱骨中点置于暗盒中心,暗盒上缘包括肩关节,下缘包括肘关节。

(3)调整 X 线球管位置,选择摄影距离为 90～100 cm,中心线对准肱骨中点垂直射入暗盒,调整照射野面积与胶片等大。

图 4-65　肱骨侧位体位摆放示意图

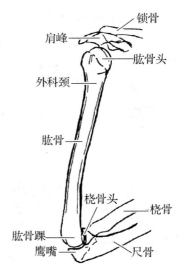

图 4-67　肱骨侧位解剖显示图

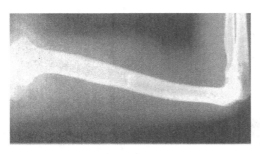

图 4-66　肱骨侧位 X 线照片

5.肩关节前后位普通X线摄影体位摆放(图4-68、图4-69)

(1)摄影体位摆放前准备同前。

(2)摄影体位摆放要点:被检者仰卧于摄影床上或站立于摄影架前,被检侧上肢伸直稍外展,掌心向上,肩部紧贴暗盒(或床面),肩胛骨喙突置于胶片中心,暗盒上缘超出肩部,外缘包括肩部软组织。

(3)调整X线球管位置,选择摄影距离90~100 cm,中心线对准肩胛骨喙突垂直射入暗盒,调整照射野面积与胶片等大。

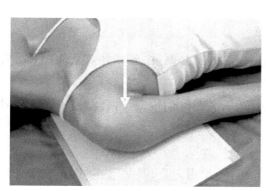

图4-68 肩关节前后位体位摆放示意图

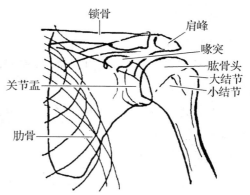

图4-69 肩关节前后位解剖显示图

(二)实训记录与结果

表4-7 实训结果记录表

摄影体位	管电压(kV)	管电流(mAs)	曝光时间(ms)	焦—片距(cm)
肘关节正位				
肘关节侧位				
肱骨正位				
肱骨侧位				

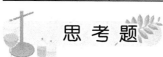 思 考 题

1.分析肘关节正位、肘关节侧位、肱骨正位、肱骨侧位和肩关节前后位普通X线照片显示结构及评价标准。

2.评价所摄X线片,并简要分析成败原因。

117

实训八　足部、踝关节和胫腓骨普通 X 线摄影

实训目标

1. 知识目标

（1）掌握足部正位、足内斜位、踝关节正位、踝关节外侧位、胫腓骨前后位和胫腓骨侧位的普通 X 线摄影步骤。

（2）熟悉足部正位、足内斜位、踝关节正位、踝关节外侧位、胫腓骨前后位和胫腓骨侧位 X 线照片显示结构。

2. 技能目标

（1）学会使用普通 X 线摄片机进行足部正位、足内斜位、踝关节正位、踝关节外侧位、胫腓骨前后位和胫腓骨侧位摄片。

（2）能够正确评价足部正位、足内斜位、踝关节正位、踝关节外侧位、胫腓骨前后位和胫腓骨侧位 X 线照片。

实训相关知识

利用 X 线以及增感屏发出的荧光对胶片进行感光,经化学热处理技术还原成金属银而形成一定的光学密度,其特点是低密度物质部位透过 X 线多,金属银沉淀多,而高密度物质部位透过 X 线少,金属银沉淀少,从而在胶片上呈现由黑到白不同灰度的 X 线照片影像。

实训器材

1. 普通摄影 X 线机。

2.（半）自动洗片机。

3. 带增感屏暗盒、胶片、铅字标记。

实训内容

（一）实训步骤

1. 足部正位普通 X 线摄影体位摆放（图 4-70、图 4-71、图 4-72）

（1）认真阅读申请单,明确摄影部位和目的,确定摄影体位为足部正位。

（2）认真核对被检者姓名、年龄、性别,了解病史,确定为被检者。

（3）与被检者沟通,争取被检者配合。简述 X 线摄影过程,控制呼吸运动为平静呼吸,确定检查前不需要做特殊准备。

（4）较好暴露摄影部位。注意被检者足部异物处理等。

（5）选择 8 inch×10 inch 或 10 inch×12 inch 大小的暗盒,竖放于摄影床面上,并将编排好的铅字标记（X 线号、侧别和摄影日期等）按要求置于暗盒边缘内 1.5 cm 处的相应位置。

（6）摄影体位摆放:被检者坐于摄影台上,被检侧膝关节弯曲,足底部紧贴暗盒,并使暗盒中线与足部长轴一致。暗盒上缘包括足趾,下缘包括足跟,第三跖骨基底部放于暗盒中心。

（7）调整 X 线球管位置,选择摄影距离为 90 ～ 100 cm,中心线对准第三跖骨基底部垂直射入暗盒中心,调整照射野面积与胶片等大。

（8）根据摄影因素,选择适当的摄影条件,包括管电压、管电流和曝光时间。

（9）复查体位,嘱被检者保持体位不动,平静呼吸曝光。

（10）曝光后,确定照片处理符合要求后方可让被检者离开。

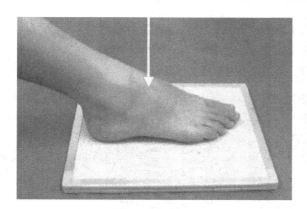

图 4-70　足部正位体位摆放示意图

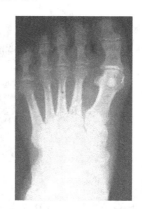

图 4-71　足部正位 X 线照片

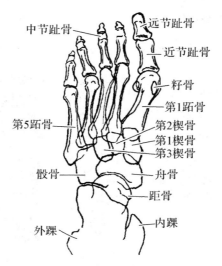

图 4-72　足部正位解剖显示图

2. 足内斜位普通 X 线摄影体位摆放（图 4-73、图 4-74、图 4-75）

（1）摄影体位摆放前准备同前。

（2）摄影体位摆放要点：被检者坐于摄影床上，被检侧膝部弯曲，足底部紧贴暗盒。暗盒前缘包括足趾，后缘包括足跟。第三跖骨基底部放于暗盒中心，将躯干和被检侧下肢向内倾斜，使足底与暗盒成 30°～50° 角。

（3）调整 X 线球管位置，选择摄影距离 90～100 cm，中心线对准第三跖骨基底部垂直射入暗盒中心，调整照射野面积与胶片等大。

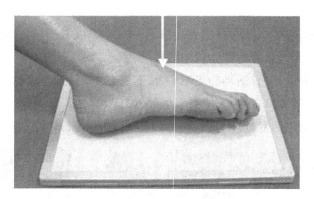

图 4-73　足内斜位体位摆放示意图

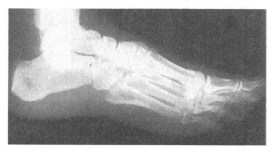

图 4-74　足内斜位 X 线照片

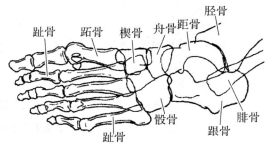

图 4-75　足内斜位解剖显示图

3. 踝关节正位普通 X 线摄影体位摆放（图 4-76、图 4-77、图 4-78）

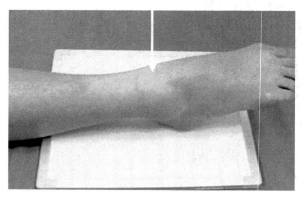

图 4-76　踝关节正位体位摆放示意图

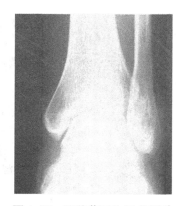

图 4-77　踝关节正位 X 线照片

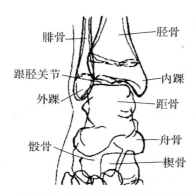

图 4-78　踝关节正位解剖显示图

（1）摄影体位摆放前准备同前。

（2）摄影体位摆放要点：被检者仰卧或坐于摄影床上，被检侧下肢伸直，将踝关节置于暗盒中心，小腿长轴与暗盒中线平行，足稍内旋，足尖下倾。

（3）调整 X 线球管位置，选择摄影距离为 90 ～ 100 cm，中心线对准内、外踝连线中点上方 1 cm 处垂直射入暗盒，调整照射野面积与胶片等大。

4. 踝关节外侧位普通 X 线摄影体位摆放（图 4-79、图 4-80、图 4-81）

（1）摄影体位摆放前准备同前。

（2）摄影体位摆放要点：被检者侧卧于摄影床上，被检侧靠近床面。被检侧膝关节

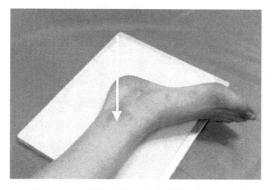

图 4-79　踝关节外侧位体位摆放示意图

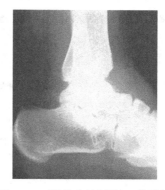

图 4-80　踝关节外侧位 X 线照片

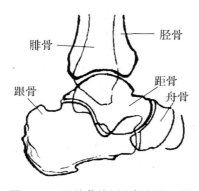

图 4-81　踝关节外侧位解剖显示图

稍屈曲,外踝紧贴暗盒,足跟摆平,使踝关节成侧位。小腿长轴与暗盒长轴平行,将内踝上方 1 cm 处置于暗盒中心。

（3）调节 X 线球管位置,摄影距离为 90 ~ 100 cm,中心线对准内踝上方 1 cm 处垂直射入暗盒,调整照射野面积与胶片等大。

5.胫腓骨前后位普通 X 线摄影体位摆放（图 4-82、图 4-83、图 4-84）

（1）摄影体位摆放前准备同前。

（2）摄影体位摆放要点:被检者仰卧或坐于摄影床上,被检侧下肢伸直,足稍内旋。小腿长轴与暗盒长轴一致,上缘包括膝关节,下缘包括踝关节。

（3）调节 X 线球管位置,摄影距离为 90 ~ 100 cm,中心线对准小腿中点,垂直射入暗盒,调整照射野面积与胶片等大。

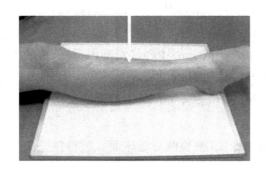

图 4-82　胫腓骨前后位体位摆放示意图

图 4-83　胫腓骨前后位 X 线照片

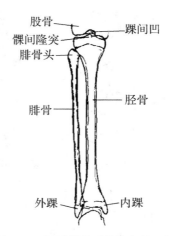

图 4-84　胫腓骨前后位解剖显示图

6.胫腓骨侧位普通 X 线摄影体位摆放（图 4-85、图 4-86、图 4-87）

（1）摄影体位摆放前准备同前。

（2）摄影体位摆放要点:被检者侧卧于摄影床上,被检侧靠近床面。被检侧下肢膝关节稍屈,小腿外缘紧贴暗盒。暗盒上缘包括膝关节,下缘包括踝关节。小腿长轴与暗盒长轴一致。

（3）调节 X 线球管位置，摄影距离为 90 ～ 100 cm，中心线对准小腿中点，垂直射入暗盒，调整照射野面积与胶片等大。

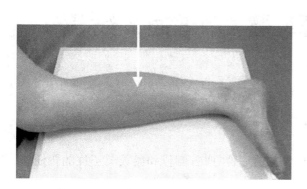

图 4-85　胫腓骨侧位体位摆放示意图

图 4-86　胫腓骨侧位 X 线照片

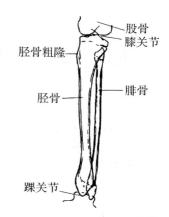

图 4-87　胫腓骨侧位解剖显示图

股骨
膝关节
胫骨粗隆
胫骨
腓骨
踝关节

（二）实训记录与结果

表 4-8　实训记录表

摄影体位	管电压（kV）	管电流（mA_s）	曝光时间（ms）	焦一片距（cm）
足部正位				
足内斜位				
踝关节正位				
踝关节外侧位				
胫腓骨前后位				
胫腓骨外侧位				

思 考 题

1. 简述足部正位、足内斜位、踝关节正位、踝关节外侧位、胫腓骨前后位和胫腓骨外侧位普通 X 线照片显示结构及评价标准。

2. 评价自己所摄 X 线片，并简要分析成败原因。

实训九　膝关节、股骨、髋关节普通X线摄影

实训目标

1. 知识目标

（1）掌握膝关节正位、膝关节外侧位、股骨前后位、股骨侧位和髋关节正位的普通X线摄影步骤。

（2）熟悉膝关节正位、膝关节外侧位、股骨前后位、股骨侧位和髋关节正位X线照片显示结构。

2. 技能目标

（1）学会使用普通X线摄片机进行膝关节正位、膝关节外侧位、股骨前后位、股骨侧位和髋关节正位摄片。

（2）能够正确评价膝关节正位、膝关节外侧位、股骨前后位、股骨侧位和髋关节正位X线照片。

实训相关知识

利用X线以及增感屏发出的荧光对胶片进行感光，经化学后处理技术还原成金属银而形成一定的光学密度，其特点是低密度物质部位透过X线多，金属银沉淀多，而高密度物质部位透过X线少，金属银沉淀少，从而在胶片上呈现由黑到白不同灰度的X线照片影像。

实训器材

1. 普通摄影X线机。
2. （半）自动洗片机。
3. 带增感屏暗盒、胶片、铅字标记。

实训内容

（一）实训步骤

1. 膝关节正位普通X线摄影体位摆放（图4-88、图4-89、图4-90）

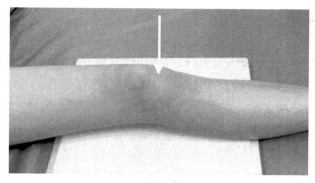

图 4-88　膝关节正位体位摆放示意图

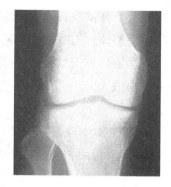

图 4-89　膝关节正位 X 线照片

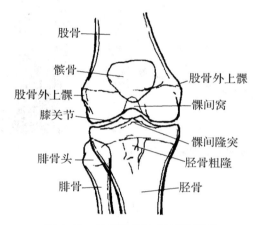

图 4-90　膝关节正位解剖显示图

（1）认真阅读申请单,明确摄影部位和目的,确定摄影体位为膝关节正位。

（2）认真核对被检者姓名、年龄、性别,了解病史,确定为被检者。

（3）与被检者沟通,争取被检者配合。简述 X 线摄影过程,控制呼吸运动为平静呼吸,确定检查前不需要做特殊准备。

（4）较好暴露摄影部位。注意被检者膝部衣物处理等。

（5）选择 8 inch×10 inch 或 10 inch×12 inch 大小的暗盒,竖放于摄影床面上,并将编排好的铅字标记（X 线号、侧别和摄影日期等）按要求置于暗盒边缘内 1.5 cm 处的相应位置。

（6）摄影体位摆放。被检者仰卧或坐于摄影床上,被检侧下肢伸直,暗盒放于被检侧膝关节下方,髌骨下缘置于暗盒中心,小腿长轴与暗盒长轴一致。

（7）调整 X 线球管位置,选择摄影距离为 90 ～ 100 cm,中心线对准髌骨下缘,垂直射入暗盒,调整照射野面积与胶片等大。

（8）根据摄影因素,选择适当的摄影条件,包括管电压、管电流和曝光时间。

（9）复查体位,嘱被检者保持体位不动,平静呼吸曝光。

（10）曝光后,确定照片处理符合要求后方可让被检者离开。

2. 膝关节外侧位普通 X 线摄影体位摆放（图 4-91、图 4-92、图 4-93）

（1）摄影体位摆放前准备同前。

（2）摄影体位摆放要点：被检者侧卧于摄影床上，被检侧膝部外侧靠近床面，被检侧膝关节屈曲成 120°～135° 角，髌骨下缘置于暗盒中心，前缘包括软组织，髌骨面与暗盒垂直。

（3）调节 X 线球管位置，摄影距离为 90～100 cm，中心线对准髌骨下缘垂直射入暗盒，调整照射野面积与胶片等大。

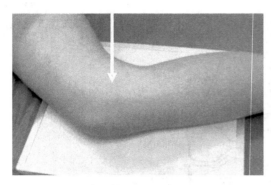

图 4-91　膝关节外侧位体位摆放示意图

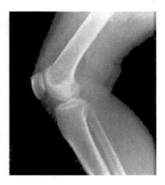

图 4-92　膝关节外侧位 X 线照片

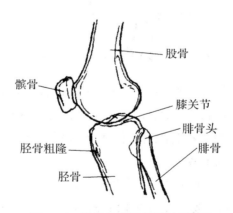

图 4-93　膝关节外侧位解剖显示图

3. 股骨前后位普通 X 线摄影体位摆放（图 4-94、图 4-95、图 4-96）

（1）摄影体位摆放前准备同前。

（2）摄影体位摆放要点：被检者仰卧于摄影床上，下肢伸直足稍内旋，使两足趾内侧互相接触。暗盒置于被检侧股骨下方，股骨长轴与暗盒长轴一致。暗盒上缘包括髋关节，下缘包括膝关节。

（3）调节 X 线球管位置，摄影距离为 90～100 cm，中心线对准股骨中点垂直射入暗盒，调整照射野面积与胶片等大。

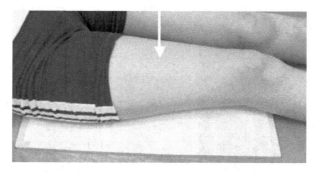

图 4-94　股骨前后位体位摆放示意图

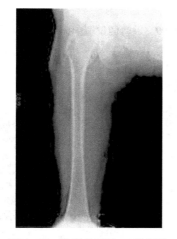

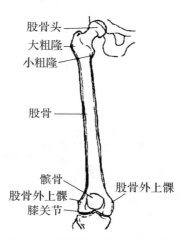

股骨头

大粗隆

小粗隆

股骨

髌骨

股骨外上髁

股骨外上髁

膝关节

图 4-95　股骨前后位 X 线照片　　　　　**图 4-96　股骨前后位解剖显示图**

4. 股骨侧位普通 X 线摄影体位摆放（图 4-97、图 4-98、图 4-99）

（1）摄影体位摆放前准备同前。

（2）摄影体位摆放要点：被检者侧卧于摄影床上，被检侧贴近床面。被检侧下肢伸直，膝关节稍弯曲，暗盒置于被检侧股骨外侧缘的下方，股骨长轴与暗盒长轴一致。

（3）调节 X 线球管位置，摄影距离为 90～100 cm，中心线对准股骨中点垂直射入暗盒，调整照射野面积与胶片等大。

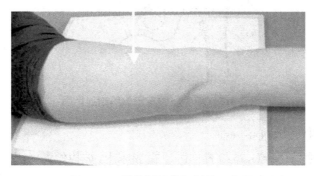

图 4-97　股骨侧位体位摆放示意图

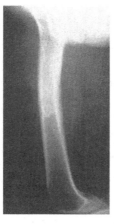

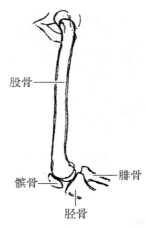

图 4-98　股骨侧位 X 线照片　　图 4-99　股骨侧位解剖显示图

5.髋关节正位普通 X 线摄影体位摆放（图 4-100、图 4-101、图 4-102）

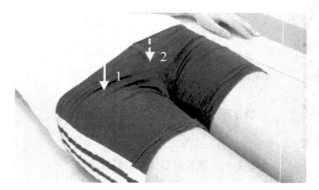

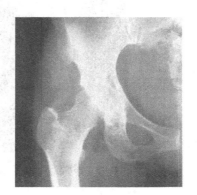

图 4-100　髋关节正位体位摆放示意图　　　图 4-101　单侧髋关节正位 X 线照片

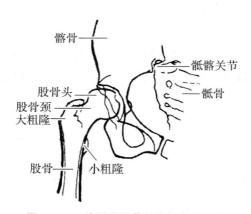

图 4-102　单侧髋关节正位解剖显示图

（1）摄影体位摆放前准备同前。

（2）摄影体位摆放要点：被检者仰卧于摄影床上，被检侧髋关节置于床面中线。下肢伸直，双足跟分开，两侧足趾内侧相互接触。股骨头置于暗盒中心，股骨长轴与暗盒长

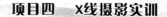

轴一致。暗盒上缘包括髂骨,下缘包括股骨上端。

（3）暗盒置于摄影床滤线器托盘内,调节 X 线球管位置,摄影距离为 90 ～ 100 cm,中心线对准股骨头（髂前上棘与耻骨联合上缘连线的中点垂线下方 2.5 cm 处）垂直射入暗盒,调整照射野面积与胶片等大。

（4）双侧髋关节普通 X 线摄影时,中心线对准双侧股骨头连线中点垂直射入暗盒。

（二）实训记录与结果

表 4-9 实训记录表

摄影体位	管电压（kV）	管电流（mA_s）	曝光时间（ms）	焦一片距（cm）
膝关节正位				
膝关节外侧位				
股骨前后位				
股骨侧位				
髋关节正位				

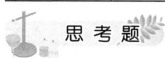 思 考 题

1. 分析膝关节正位、膝关节外侧位、股骨前后位、股骨侧位和髋关节正位普通 X 线照片显示结构。

2. 评价所摄 X 线片,并简要分析成败原因。

129

实训十　胸部普通X线摄影

实训目标

1.知识目标

（1）掌握胸部后前位普通X线摄影步骤。

（2）熟悉胸部侧位普通X线摄影要点。

（3）熟悉胸部后前位、胸部侧位X线照片显示结构。

2.技能目标

（1）学会使用普通X线摄片机进行胸部后前位摄片。

（2）能够正确评价胸部后前位X线照片。

实训相关知识

利用X线以及增感屏发出的荧光对胶片进行感光,经化学后处理技术还原成金属银而形成一定的光学密度,其特点是低密度物质部位透过X线多,金属银沉淀多,而高密度物质部位透过X线少,金属银沉淀少,从而在胶片上呈现由黑到白不同灰度的X线照片影像。

实训器材

1.普通摄影X线机。

2.（半）自动洗片机。

3.带增感屏暗盒、胶片、铅字标记。

实训内容

（一）实训步骤

1.胸部后前位普通X线摄影体位摆放（图4-103、图4-104）

（1）认真阅读申请单,明确摄影部位和目的,确定摄影体位为胸部后前位。

（2）认真核对被检者姓名、年龄、性别,了解病史,确定为被检者。

（3）与被检者沟通,争取被检者配合。简述X线摄影过程,控制呼吸运动为深吸气后屏气,确定检查前不需要做特殊准备。

（4）较好暴露摄影部位。注意被检者胸部衣物处理等。

（5）选择 11 inch×14 inch 或 14 inch×17 inch 大小的暗盒,竖放于胸片架滤线器托盘内,并将编排好的铅字标记（X线号、侧别和摄影日期等）按要求置于胸片架面板的相应位置。

（6）摄影体位摆放。被检者面向胸片架站立,前胸紧靠胸片架面板,两足分开,使身体站稳。人体正中矢状面与胸片架面板中线垂直并重合,头稍后仰,将下颌搁于胸片架上方,暗盒上缘超过两肩 3 cm。两手背放于髋部,双肘弯曲,尽量向前。两肩内转,尽量放平,并紧贴暗盒。

（7）调整 X 线球管位置,选择摄影距离为 150 ～ 180 cm,中心线对准 T_6 水平,垂直射入暗盒,调整照射野面积与胶片等大。

（8）根据摄影因素,选择适当的摄影条件,包括管电压、管电流和曝光时间。

（9）复查体位,嘱被检者保持体位不动,深吸气后屏气曝光。

（10）曝光后,确定照片处理符合要求后方可让被检者离开。

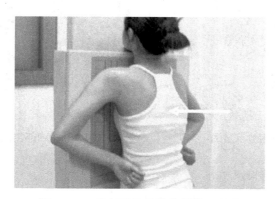

图 4-103　胸部后前位体位摆放示意图

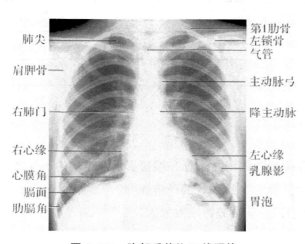

图 4-104　胸部后前位 X 线照片

2.胸部侧位普通 X 线摄影体位摆放（图 4-105、图 4-106）

（1）摄影体位摆放前准备同前。

（2）摄影体位摆放要点：被检者侧立于胸片架前，被检侧胸部紧靠胸片架面板，暗盒上缘应超出肩部。胸部腋中线对准胸片架面板中线，前胸壁及后胸壁投影与暗盒边缘等距。两足分开，身体站稳，双上肢上举，环抱头部，收腹，挺胸抬头。

（3）暗盒置于胸片架滤线器托盘内，调节 X 线球管位置，摄影距离为 150 ～ 180 cm，中心线沿水平方向经腋中线 T_6 平面垂直射入暗盒，调整照射野面积与胶片等大（观察心脏时，摄影距离为 180 ～ 200 cm，吞钡摄片）。

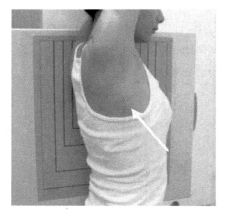

图 4-105　胸部侧位体位摆放示意图

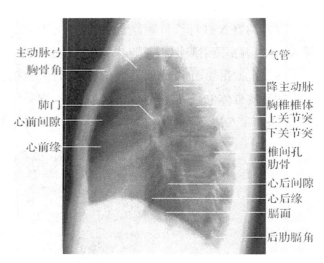

图 4-106　胸部侧位 X 线照片

（二）实训记录与结果

表 4-10　实训记录表

摄影体位	管电压（kV）	管电流（mAs）	曝光时间（ms）	焦—片距（cm）
胸部后前位				
胸部侧位				

 思 考 题

1. 试述胸部后前位和胸部侧位普通 X 线摄影显示结构的不同之处。

2. 分析胸部后前位普通 X 线照片的评价标准。

3. 评价所摄 X 线片，并简要分析成败原因。

实训十一　腹部普通X线摄影

实训目标

1. 知识目标

（1）掌握尿路仰卧前后位和腹部站立前后位的普通X线摄影步骤。

（2）熟悉尿路仰卧前后位和腹部站立前后位X线照片显示结构。

2. 技能目标

（1）学会使用普通X线摄片机进行尿路仰卧前后位和腹部站立前后位摄片。

（2）能够正确评价尿路仰卧前后位和腹部站立前后位X线照片。

实训相关知识

利用X线以及增感屏发出的荧光对胶片进行感光,经化学后处理技术还原成金属银而形成一定的光学密度,其特点是低密度物质部位透过X线多,金属银沉淀多,而高密度物质部位透过X线少,金属银沉淀少,从而在胶片上呈现由黑到白不同灰度的X线照片影像。

实训器材

1. 普通摄影X线机。

2. （半）自动洗片机。

3. 带增感屏暗盒、胶片、铅字标记。

实训内容

（一）实训步骤

1. 尿路仰卧前后位X线摄影体位摆放（图4-107、图4-108）

（1）认真阅读申请单,明确摄影部位和目的,确定摄影体位为尿路仰卧前后位。

（2）认真核对被检者姓名、年龄、性别,了解病史,确定为被检者。

（3）与被检者沟通,争取被检者配合。简述X线摄影过程,控制呼吸运动为深呼气后屏气,询问患者是否进行了肠道准备,完成肠道准备后方可进行下面的操作。

（4）较好暴露摄影部位。注意被检者全腹部衣物处理等。

（5）选择14 inch×17 inch大小的暗盒,竖放于摄影床滤线器托盘内,并将编排好的铅字标记（X线号、侧别和摄影日期等）按要求置于暗盒边缘内 1.5 cm 处的相应位置。

（6）摄影体位摆放。被检者仰卧于摄影床上，双下肢伸直，人体正中矢状面垂直床面并与床面中线重合，两臂置于身旁或上举。暗盒上缘超出胸骨剑突，下缘包括耻骨联合下 2.5 cm。

（7）调节 X 线球管位置，选择摄影距离为 100 cm，中心线对准剑突与耻骨联合上缘连线中点垂直射入暗盒中，调整照射野面积与胶片等大。

（8）根据摄影因素，选择适当的摄影条件，包括管电压、管电流和曝光时间。

（9）复查体位，嘱被检者保持体位不动，深呼气后屏气曝光。

（10）曝光后，确定照片处理符合要求后方可让被检者离开。

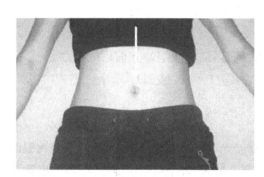

图 4-107　尿路仰卧前后位体位摆放示意图

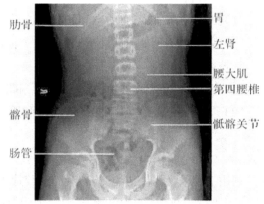

图 4-108　尿路仰卧前后位 X 线照片

2.腹部站立前后位普通 X 线摄影体位摆放（图 4-109、图 4-110、图 4-111）

（1）摄影体位摆放前准备同前。

（2）摄影体位摆放要点：被检者站立于摄影架前，背部紧贴摄影架面板，双上肢自然下垂稍外展。人体正中矢状面与摄影架面板垂直，并与面板中线重合。暗盒上缘包括横膈，下缘包括耻骨联合上缘。

（3）暗盒置于滤线器托盘内，调节 X 线球管位置，摄影距离为 100 cm，中心线沿水平方向，经剑突与耻骨联合连线中点，垂直射入暗盒，调整照射野面积与胶片等大。

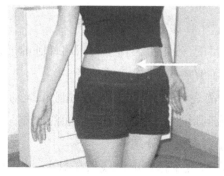

图 4-109　腹部站立前后位体位摆放示意图

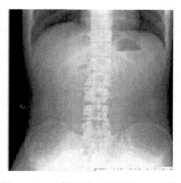

图 4-110　腹部站立前后位 X 线片

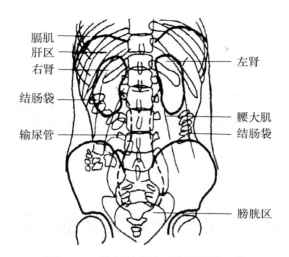

膈肌
肝区
右肾
结肠袋
输尿管

左肾
腰大肌
结肠袋

膀胱区

图 4-111　腹部站立前后位解剖显示图

（二）实训记录与结果

表 4-11　实训记录表

摄影体位	管电压（kV）	管电流（mA$_s$）	曝光时间（ms）	焦—片距（cm）
尿路仰卧前后位				
腹部站立前后位				

 思 考 题

1.尿路仰卧前后位、腹部站立前后位 X 线摄影体位的摄影要点和摄影目的。

2.评价所摄 X 线片，并简要分析成败原因。

项目五 医用治疗设备实训

实训一 牙科治疗机的使用操作

实训目标

1. 知识目标

（1）通过使用操作的实践环节,进一步了解面板的各按键功能。

（2）熟悉手机、三用喷枪、吸唾器的操作方法。

（3）学会牙科椅的操作技能。

2. 技能目标

（1）掌握面板的各按键功能。

（2）熟练掌握手机、三用喷枪、吸唾器的操作方法。

（3）掌握牙科椅的操作技能。

实训相关知识

牙科综合治疗机是一种口腔科综合治疗设备。配有高速车头,低速直、弯车头,气动马达,冷光手术灯,三用喷枪,观片灯及电风扇等。车头系统采用气动控制,性能可靠、布局合理、便于操作,可完成口腔科综合性治疗手术。

实训器材

Primus 1058 系列口腔综合治疗台。

实训内容

图 5-1 为 Primus 1058 系列几种类型的口腔综合治疗台。

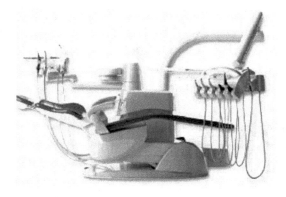

口腔综合治疗台-治疗台型: Primus 1058 TM

口腔综合治疗台-摆动型: Primus 1058 S

口腔综合治疗台-移动治疗车型: Primus 1058 C

图 5-1 Primus 1058 系列几种类型的口腔综合治疗台

1. 熟悉牙科治疗机

认真阅读使用说明书,认识牙科治疗机的各部件并了解其作用(图 5-2 为产品全景图),面板按键的操作方法,手机的转速调整,气压的调节,三用喷枪气、水、雾的调整,吸唾器气压的调整,牙科椅上升、下降、转角的调整,气动脚闸的控制,洁牙机和光固化机的操作。如图 5-3 和图 5-4 所示,分别为 S190 和 S200 牙科综合治疗机的控制面板。

2. 手机的使用

手机是牙科治疗机的重要工具,目前各种型号的牙科治疗机使用较多的是四孔气涡轮手机,有高速和低速两种。手机使用过程中要注意手机的使用气压范围。手机使用气压的范围,高速气涡轮手机为 0.23～0.26 MPa,低速气马达手机为 0.3～0.32 MPa,在使用前,必须将手机调节到规定的气压范围内,压力低时工作无力,压力过高会损坏手机。图 5-5 所示为手机气压调整旋钮和手机气压表。在使用前,检查一下地箱压力表的压力是否在规定的范围内,如不符合要求,要调整压力阀,在器械盘底背面的前方,有五组气、水调节阀,右端三组供手机用,左端供三用喷枪用,左端第三个旋钮为洁牙器备用。水调节阀上配有旋钮,气调节阀需用螺丝调节。如果手机的气、水压力需要调整,可调节相应的气、水调节阀,顺时针方向旋转为压力调低,逆时针为调高,调节时请注意细心慢调。手机有

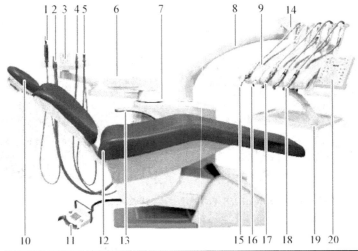

1	光固化机（选配）	11	脚踏
2	强吸唾器接口	12	手术椅
3	助手位操作面板	13	左扶手
4	弱吸唾器接口	14	平衡臂
5	助手位喷枪	15	治疗台喷枪
6	痰盂	16	洁牙机（选配）
7	侧箱	17	低速手机
8	治疗台器械臂	18	高速手机
9	治疗台	19	托盘
10	头枕	20	医生主操作面板

图 5-2 产品全景图及主要部件名称

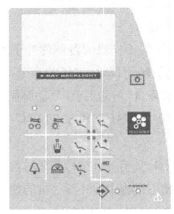

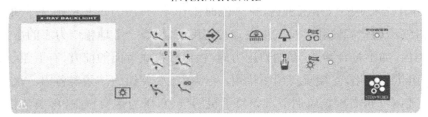

图 5-3 S190 牙科综合治疗机的控制面板

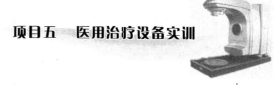

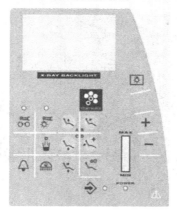

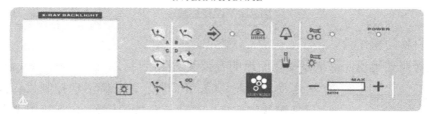

图 5-4　S200 牙科综合治疗机的控制面板

图 5-5　手机气压调整旋钮和手机气压表

气路、水路,安装时将管与手机金属管固定好,用锁止扣锁紧,不能有漏气、漏水的现象,用手晃动来检查手机钻头安装得是否牢固,确认正常后方能工作。

3.三用喷枪的使用

在使用前要进行检查,分别按下三用喷枪左、右按钮,或同时按下两个按钮,检查喷出的水、气、雾是否适宜。如果需要调节,可以通过在器械盘底部背面的气、水调节旋钮进行调节。安装时管路要密封,避免漏气、漏水现象。

4.吸唾器和强力吸引器的使用

机器上都设有吸唾器和强力吸引器,只需将吸唾器或强力吸引器从搁架上拿起来,抽吸器即可开始工作,见图 5-2 中 2 和 4。搁架上有气动开关,吸唾器离开时气路接通,放回原处时气路关闭。吸唾器结构较简单,但管路较复杂,是形成负压的特殊管路;将管路拆下,研究其空吸作用是如何形成的。观察管路的连接、阀的内部结构,思考其如何增压、减压,掌握其结构原理。图 5-6 所示为 W.H.E 系统。

图 5-6　W.H.E 系统

5. 牙科椅的操作

首先对照使用说明书熟悉操作面板的各按键功能,包括牙科椅升降、位置设置、转背

图 5-7　座椅操作面板

运动的控制,如图 5-7 所示。升降运动控制只要按下相应按键就能实现。牙科椅位置的设置,包括极限位置和预置位的设置,要按操作步骤进行。极限位置有两个,一个是厂家设计时设定的最高位和最低位,另一个是使用时操作者设定的位置,也就是说使用时椅位不能达到设计时的位置,要留有一段距离,起保护作用。椅位的操作,有手动和脚控两种。椅子扶手,向上提然后向外侧旋转即可放下,目的是使患者上下方便,这就是人性化设计。要真正掌握椅子的结构和工作原理,牙科椅的拆装是重要实践环节。拆卸时,要学会工具的正确使用方法,对每个零部件的拆卸要注意先后顺序,做好记录,养成良好习惯,为今后工作打下基础。

实训提示

在开机前,开通地箱上的总开关和电源开关,查看地箱盖的进气压力表,其气压数值为 0.5 MPa。此气压在出厂前已经调节好,如有出入,需调到 0.5 MPa 为止。调节过滤减压阀时,先打开地箱盖,将该过滤减压阀顶部的旋柄向上拔起约 10 mm,然后旋转旋柄,顺时针为调高压力,逆时针为调低。调好后,将旋柄压下即可。

实训体会

实训结束后,总结自己在实训过程中在理论上和实践技能方面的收获,如在使用操作、参数设置调整、零部件的安装调试等方面学到的实践技术。

实训二 牙科治疗机的气路和水路管道连接

实训目标

1. 知识目标

（1）通过气、水路管道连接了解水阀、气阀的调节方法。

（2）正确连接空气压缩机与地箱。

（3）学会工具的使用。

2. 技能目标

（1）掌握水阀、气阀的调节方法。

（2）掌握各工具的正确使用。

实训相关知识

同实训一。

实训器材

同实训一。

实训内容

1. 水路的连接

将地箱内的上水管与自来水管相连,对接处要用密封圈,防止漏水。把由地箱进入痰盂内的水管接好,开通水阀,检查地箱水表的压力,水加热装置是否正常,如一切正常表明管路连接正确。图5-8为水、气管路系统。

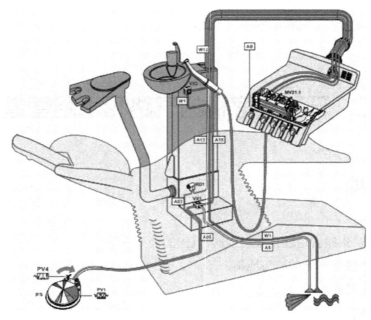

图 5-8　牙科治疗机的水、气管路系统

2. 气路的连接

　　将空气压缩机与地箱连接,启动压缩机,检查地箱压力表压力是否在规定范围内,如有误差,调节压力阀,将阀体向上提,然后顺时针或逆时针旋转进行微调。检查气动阀是否漏气,摘下吸唾器检查有无吸力,并进行手机的操作,如正常说明连接正确。图 5-9 所示为气路图。

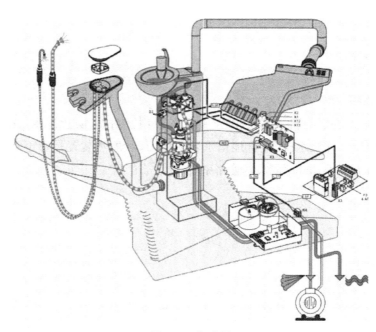

图 5-9　气路图

3. 净水装置

净水装置由净水瓶,进气开关和气、水管路系统组成,净水瓶中存放洁净水或医用蒸气水,供高、低速手机及三用喷枪等使用。关闭进气开关,听不到进气开关处有放气声后,逆时针方向旋下净水瓶,如图 5-10 所示。加满水后,对准螺纹顺时针旋紧净水瓶,打开进气开关即可使用。

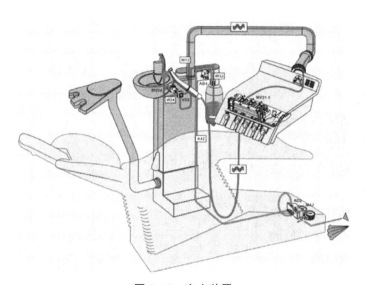

图 5-10　净水装置

实训提示

净水瓶的出水压力取决于进气压力,可打开地箱盖,查看专用减压阀上的压力表,其数值为 0.2 MPa。如有出入,可进行调节,方法同过滤减压阀。

实训体会

实训结束后总结自己在实训过程中在理论上和实践技能方面的收获,如在使用操作、参数设置调整、零部件的安装调试等方面学到的实践技术。

实训三　牙科治疗机故障排除

实训目标

1. 知识目标

（1）通过实训熟悉常见故障现象。

（2）会分析故障产生原因。

（3）针对故障产生原因能进行故障排除。

2. 技能目标

（1）会分析常见故障现象。

（2）掌握故障产生的原因。

（3）能够排除故障。

实训相关知识

同实训一。

实训器材

同实训一。

实训内容

1. 手机故障

（1）故障现象：手机有时会出现无水、无力或不转。

（2）产生原因：手机无水，要从以下几方面进行分析，可能是手机喷水孔堵塞，脚控气开关的上水开关未打开，净水瓶内无水，净水瓶的气开关未打开或气压过高，手机水调节阀未打开；手机无力或不转，可能是手机工作气压过低，手机轴承损坏，车针磨损或未夹紧，手机管道有堵塞物，手机内气管有漏气现象。

（3）排除措施：疏通手机喷气孔，将脚控器开关的上水开关拨向右边，将净水瓶内加满水，打开净水瓶的气开关并调整净水瓶气压在 0.1 ～ 0.15 MPa 之间，打开手机水调节阀，调到出水合适即可；调整手机工作气压，更换手机轴承，更换新车针后夹紧车针，卸下轴承组件并疏通手机管道，更换手机外壳。如图 5-11 所示为手机故障维修流程。

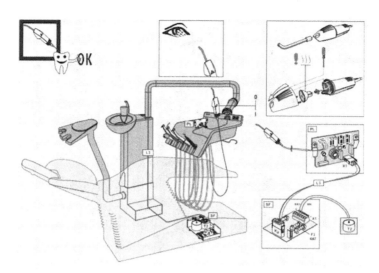

图 5-11　手机故障维修流程

2.三用喷枪故障

（1）故障现象：按钮处漏水，雾状不佳。

（2）产生原因：O 形圈磨损老化，三用喷枪水、气管接反，水压过大或气压过小。

（3）排除方法：更换 O 形圈，并加硅脂油润滑；将三用喷枪水、气管对换，调整水压和气压。

3．水路故障

（1）故障现象：漱口水、冲盂水小或无水。

（2）产生原因：水压太低，水过滤器堵塞，供气压力过低，电磁阀不工作，连接线接插件接触不良，电路板故障控制键盘接触不良。

（3）排除方法：水压太低，安装增压水泵，清洗水过滤器更换滤芯，调整供气压力应为 0.5 MPa，更换损坏的电磁阀，查找连接线，接触不良处重新连接，更换故障电路板，更换控制键盘。

4.吸唾器故障

（1）故障现象：吸唾器、强力吸引器吸力小或无吸力。

（2）产生原因：自来水压力太低，水过滤器堵塞，供气压力过低，负压发生器堵塞，管道和接头漏气。

（3）排除方法：拆卸负压发生器，清除堵塞物，检查管道和接头，水压太低，安装增压水泵，清洗水过滤器，更换滤芯，调整供气压力。 吸唾器维修流程如图 5-12 所示。

5.治疗机故障

（1）故障现象：治疗机无任何反应。

（2）产生原因：电源插头未插好或接触不良，电源保险丝熔断，地箱变压器损坏，电源开关损坏。

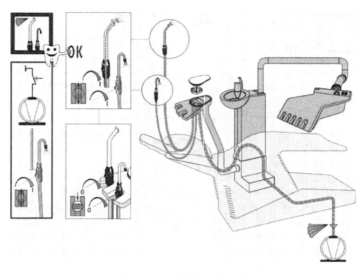

图 5-12　吸唾器维修流程

（3）排除方法：更换电源插头或电源插座,先查清熔断原因再更换电源保险丝,更换地箱变压器,更换电源开关。

6.口腔灯故障

（1）故障现象：口腔灯不亮。

（2）产生原因：口腔灯灯泡损坏,连接线接触不良,开关接触不良,地箱变压器引线接触不良。

（3）排除方法：更换新灯泡,查找连接不良处,更换口腔灯开关,重新连接地箱变压器引出线或更换地箱变压器。如图 5-13 所示为口腔灯维修流程。

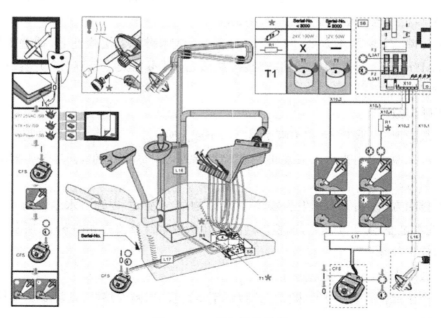

图 5-13　口腔灯维修流程

7.牙科椅故障

（1）故障现象：椅位无动作，声音提示正常，其余按键工作正常。

（2）产生原因：继电器触点接触不良或线圈损坏，电机损坏或连接线断路。

（3）排除方法：清洁继电器触点或更换新继电器，查找断路处，重新连接或更换电机。图 5-14 为牙科椅 C8 的维修流程。

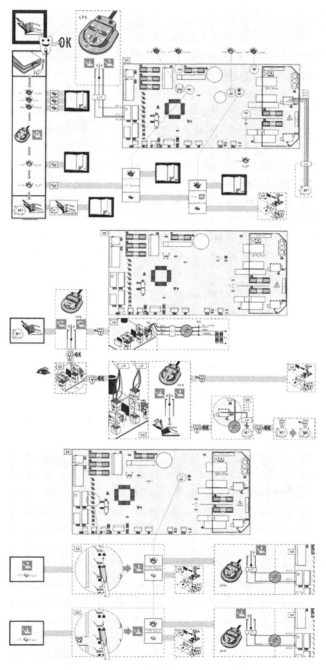

图 5-14 牙科椅 C8 的维修流程

147

8. 观片灯故障

（1）故障现象：观片灯不亮。

（2）产生原因：保险丝熔断，灯管损坏，镇流器损坏，连线接触不良。

（3）排除方法：更换保险丝，更换灯管，更换镇流器，修复连线接触不良处。

9. 器械盘故障

（1）故障现象：器械盘下垂。

（2）产生原因：器械盘放置物太多，器械盘平衡弹簧疲劳损坏，平衡阻尼磨损。

（3）排除方法：减少器械盘放置物重量，更换或调整器械盘平衡弹簧，更换平衡阻尼。如图 5-15 所示为器械盘故障维修流程。

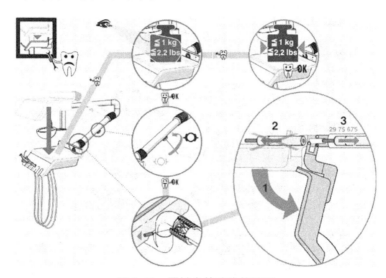

图 5-15　器械盘故障维修流程

10. 地箱故障

（1）故障现象：压力表和水表连接管路脱落，管路折压，气控阀失灵，压力调整阀损坏，电源总开关损坏，管道漏气、漏水。

（2）产生原因：阀体螺纹滑丝，管路连接不紧固，管道被刺穿。

（3）排除方法：更换阀，重新接好管道，更换管道，更换开关。

实训提示

明确故障现象后，在进行故障排除时，不要急于拆卸部件，首先要清楚部件的结构、安装程序，在拆卸过程中要认真记录，安装结束及时清点零部件，避免漏装或丢失。

实训体会

实训结束后，总结自己在实训过程中在理论上和实践技能方面的收获，如在使用操作、参数设置调整、零部件的安装调试等方面学到的实践技术。

实训四　呼吸机操作

实训目标

1. 知识目标

（1）熟悉呼吸机面板各按钮的作用，学会呼吸机的操作技能。

（2）熟悉呼吸机参数设置范围。

2. 技能目标

（1）掌握呼吸机的操作技能。

（2）掌握呼吸机的参数设置范围。

实训相关知识

同实训一。

实训器材

同实训一。

实训内容

呼吸机参数设置：

1. 通气模式设定　通气模式有 A/C、A/C+SIGH、SIMVf/2、SIMVf/4、SPONT、PEEP 等六种模式，选择哪种模式由临床医生根据患者情况而定。

2. 呼吸频率（f）设置　呼吸频率范围，机型不同范围也不尽相同，有 16～20 次/分，6～60 次/分，选择的数值视患者情况而定。

3. 呼吸比设置（1∶E）　1∶4、1∶3、1∶2、2∶3、1∶1、2∶1。吸呼比的选择视患者病情而定。

4. 潮气量设置　范围 0～1 200 mL，连续可调，具体值的确定由临床医生选择。

5. 触发灵敏度设置　-20～0 kPa，给出的范围供使用者参考。

6. 吸入气浓度设置　45%～100%，浓度可估算。

7. 气道压力上限报警值设置　调节范围为 2～6 kPa，误差为 ±10%。

8. 气道压力下限报警值设置　调节范围为 0～2 kPa，在 0～0.5 kPa 范围内，误差为：±20%；0.5 ～ 2 kPa 范围内，误差为 ±20%。

9. 窒息时间报警设置　窒息时间为 10 ～ 20 s，窒息发生时有声、光报警。

10. 氧气不足报警设置　报警值为 0.25 MPa，误差为 ±20%。

11. 断电报警设置　一般大于 120 s。

12. 静音时间设置　不要大于 120 s。

13. 总计呼吸频率（f）设置　当总计呼吸频率为 60 次 / 分时，误差为 ±5%，其余误差为 ±1 次 / 分。通气量（MV）显示数值范围为 0 ～ 20 L/min，误差为 ±20%；吸入潮气量（VTI）数字显示在 0 ～ 200 mL，误差为 ±30 mL，其余范围误差为 ±15%，当监测潮气量大于 1 200 mL 时显示值闪烁。气道压力过大，发光排显示，监测范围为 -2 ～ 7 kPa；气道压力为 -2 ～ 2 kPa 时，误差为 ±300 Pa；气道压力为 -2 ～ 7 kPa 时，误差为 ±15%。

 实训提示

呼吸机在给患者使用之前，除了必要的清洗消毒外，还应对机器通电、通气，进行简单的功能检查。首先详细阅读说明书，熟悉呼吸机的结构及各部分名称用途，确定机器无故障后，方可接上给患者使用。检查电源和气源的连接，检查电源和气源是否能够满足呼吸机正常工作的要求，再检查连接方式是否正确，以及连接的电缆、插头、插座和输气管路是否满足电气安全要求。然后打开呼吸机电源，10 s 后关掉电源，应有声音报警，标准状态检查，打开电源及气源开关，呼吸机在标准状态下工作。

呼吸模式：A/C；

频率设置值（次 / 分）：20；

吸呼比：1∶2；

气道压力上限（0.1 kPa）：40；

气道压力下限（0.1 kPa）：5；

触发压力（0.1 kPa）：-3；

吸入潮气量（mL）：700。

实训体会

实训结束后，总结自己在实训过程中在理论上和实践技能方面的收获，如在使用操作、参数设置调整、零部件的安装调试等方面学到的实践技术。

实训五　呼吸机的安装与调试

实训目标

1.知识目标

（1）熟悉呼吸机的安装过程及安装过程中注意的事项。

（2）熟悉呼吸机的调试过程，了解各部件的功能检查内容。

2.技能目标

（1）掌握呼吸机的安装过程。

（2）会调试呼吸机及掌握各部件功能。

实训相关知识

同实训一。

实训器材

同实训一。

实训内容

1.呼吸机与气源连接　呼吸机工作时需要压缩氧气，对于有中心供氧的医院，则可将输送管直接与墙壁上的氧气插座相连。对于无中心供氧的医院，一般压缩氧气取自氧气瓶，气瓶输出要接减压器。

2.呼吸机与患者之间连接　呼吸机与患者之间通过螺纹管道连接，这些管道用可调跨距和高度的支撑装置（机械臂）支撑，三通接口前有5根管道。其中1根接在呼吸机吸气口与湿化器入口之间，在湿化器出口和三通之间有两根管道，两根管道之间连有疏水器。在三通后面有一节短而软的过渡管道，末端有一接头，用来与气道插管或气管切开的小接头相连接。疏水器的作用是收集管道内湿化气体冷却后的凝结水，吸气回路的冷凝水比呼气回路多，疏水器内积水满时，要及时取下倒掉。

3.湿化器的安装　呼吸机配用的湿化器是一种可以自动控温，能显示湿化温度（患者入口处）并具有报警功能的湿化器。它安装在呼吸机小车的扶手上，温度探头装在接近患者的三通管上，使用时注意以下几点。

向湿化罐接入蒸馏水,到两刻度中间即可,然后将上下两部分旋紧。当湿化罐内水分消耗至下刻度时,要及时加水。加水时只需取下湿化器上面的螺纹管,从接头处注入即可。切勿无水加热,否则加热器很快被烧坏。

设定温度报警限,一般应低于体温。调整加热旋钮位置,稳定时应使温度显示值达到报警限,湿化器不应漏气。

4. 氧浓度调节功能部件的安装　将储气囊接于混合腔下方,将流量计主件通过呼吸机右侧的快速接头与呼吸机连接,用螺纹管将混合腔后方出口与呼吸机后方的安全吸气口相连。

5. PEEP 阀的安装　通过一转接头将 PEEP 阀与呼吸机的呼气口连接,通过 PEEP 阀上的旋钮可调节 PEEP 值。检查转接头,PEEP 阀与呼吸机气阀出口端连接是否正确。打开呼吸机,调节 PEEP 旋钮,观察气道压力发光排监测的 PEEP 值,应能正常调节。

6. 氧浓度调节功能部件的调试　检查快插接头、储气囊、螺纹管与流量计及混合腔连接是否正确,接通呼吸机气源,旋开流量计旋钮,应有气流声且储气囊逐渐膨胀。关闭流量计旋钮,打开呼吸机,观察单向阀,应能正常开启。

用下列公式确定每分钟通气量:

$$Ve=（BPM）（Vt）;$$
$$Ve= 每分钟通气量(单位:L/min);$$
$$Vt= 潮气量(单位:L);$$
$$BPM= 呼吸次数 / 分;$$
$$确定呼吸比 1:E=1:1 或 1:2。$$

确定呼吸比 1:E 后使用氧浓度对照表曲线,Y 轴为所需氧浓度,曲线为预设每分钟通气量,通常取 X 轴与曲线的交叉点,确定氧流量以便得到所需氧浓度,确认呼吸机气源供氧浓度为 100%。

7. 潮气量功能检查　开机工作后,连接模拟肺,待潮气量输出稳定后,观察前面板参数监测区中潮气量显示,此处潮气量显示的数值应符合 6:3:1 的潮气量的性能要求。

8. 气道压力上限报警功能检查　调节潮气量大小,调节报警设置区中压力上限值,当压力上限略低于设置值时应有声光报警,此时机器立即转入呼气,气道压力随之下降。

9. 气道压力下限报警功能检查　调节气道压力下限设置,将吸气通道管子摘掉,4 ～ 15 s 后应有声音报警。

10. 触发压力功能检查　将触发压力设置在 -0.1 kPa,戴面罩轻轻吸气,当气道压力略低于此设定值时,吸气开始,同时触发指示灯闪亮一下。

11. SIMVf/2 功能检查　将功能选择为 SIMVf/2,1 分钟后观察总计,读数为 10 次 / 分。

12. SIMVf/4 功能检查　将功能检查选择为 SIMVf/4,1 分钟后观察总计,读数应为 5 次 / 分。

13. SPONT 功能检查　将功能选择为 SPONT 触发,压力值为 -0.3 kPa,戴面罩吸气,此时呼吸机应送气。当患者停止吸气时,气道压力上升,当上升到 6crriH20 左右时,呼吸机转为呼气,等待下一次患者自主吸气。

14. A/C+SIGH 功能检查　先按标准状态通气,记录下此时的潮气量值,然后将通气方式选择为 A/C+SIGH,将压力上限设置调至最大,观察模拟肺的膨胀程度和气道压力峰值,从设置后第二次呼吸开始,模拟肺随之出现一次至少 1.5 倍潮气量的叹息,在此状态下每隔 100 次叹息一次。

15. 湿化器功能检查　湿化器按要求与呼吸机接好,并注入适量的蒸馏水,按下电源开关,电源指示灯的加热指示灯亮。为加快检验速度,将调温旋钮置于最大值 12 处,10 分钟后,再将调温旋钮往回旋至某值,加热灯灭,说明温控电路正常。将报警限置于最低值,当温度显示值大于报警限时,报警指示灯亮,加热指示灯灭,同时伴有报警,说明报警正常。

16. 漏气检查　湿化器接入管路内时读出面板监测区中每分钟通气量指示值,然后接入湿化器,各指示值无变化,说明不漏气;如指示值降低,则说明漏气。

实训提示

呼吸机在开机前,首先要将模拟肺安装好,开机后通过模拟肺来观察整机的工作状况,呼气和吸气是否正常。确认正常后,才能开始对患者进行治疗。

实训体会

实训结束后,总结自己在实训过程中在理论上和实践技能方面的收获,如在使用操作、参数设置调整、零部件的安装调试等方面学到的实践技术。

实训六　麻醉机使用操作与安装调试

实训目标

1. 知识目标
（1）了解麻醉机的结构和各部件的作用。
（2）学会麻醉机的操作技术。
（3）学会麻醉机安装与调试技术。

2. 技能目标
（1）掌握麻醉机的结构和各部件的作用。
（2）会操作麻醉机。
（3）掌握麻醉机安装与调试技术。

实训相关知识

麻醉机是麻醉常用的重要工具,其功能是向病人提供氧气、吸入麻醉药物及进行呼吸管理。麻醉机利用人体能从吸入气体中摄取一部分药物到体内,通过血液的传送到达体内各器官,这些药物能在一定时间内使器官暂时失去知觉和反射,以达到麻醉的目的。经过一定时间后,这些药物能通过呼吸道排除,使人体暂时失去知觉和反射的器官恢复正常。麻醉机还利用呼吸管道、阀门、呼吸器、气体流量和压力检测部件来控制病人的吸入气体浓度、流量和压力,控制其麻醉呼吸过程,实现全身麻醉的同时保证病人安全。

实训器材

麻醉机。

实训内容

1. 麻醉机气源连接　麻醉机工作时需要以氧气为动力源,对于有中心供氧的医院,则可将氧气输送管直接与墙上的氧气插头相连,对于无中心供氧的医院,氧气取自氧气瓶,氧气瓶输出要接减压器,氧气输出压强为 0.4 MPa±0.1 MPa,氧气输送管与氧气瓶减压器的输出接头相连。管路连接将氧气、氧化亚氮输气管分别接在氧气入口、氧化亚氮入口上,将呼吸机气体输出管接在动力气体出口、呼吸机动力气体入口上。用螺纹管（600 mm）

把呼吸机气体出口、风箱集成即呼吸机出口连接。

2. 蒸发器安装　先将蒸发器装在旁通阀上,再用螺帽拧紧。确保蒸发器与旁通阀间缝隙均匀。蒸发罐安装位置一般有两种:一种是安装在呼吸环路以内,这种形式易受呼气流量大小的影响,并且在不同呼吸形式下会有不同程度的影响,而且最易受呼吸本身的影响,所以这种形式现在已使用不多;另一种是安装在呼吸回路之前,这种形式为最普遍使用的形式,它不受呼吸方式的影响,特别是现在采用的低流量、全紧闭方式更为节省麻醉药。

3. 风箱的安装　风箱集成有呼吸系统接口、废气排放系统接口、驱动气体接口、转接头、风箱罩、折叠囊、托盘、溢气阀、锁簧、密封圈、基座、支架等。拧紧风箱集成支架用于固定卡子螺丝钉,将其固定好,安上基座,装上密封圈、锁簧溢气阀,然后依次安装托盘、折叠囊、风箱罩。

安装前,手持风箱集成垂直向上,堵塞驱动气体接口,倒置风箱集成,折叠囊顶端下降的速率不大于 100 mL/min。如果超出限制,其可能的原因有,驱动气体接口堵塞不严,折叠囊或密封圈安装不正确,其他组件已损坏。打开驱动气体接口,折叠囊充分展开,然后堵塞呼吸系统接口,翻转风箱集成,使其垂直向上,折叠囊顶端下降的速率不大于 100 mL/min。如果超出限制,可能是由于折叠囊或逸气阀安装不正确。

4. 检查气源端　减压阀接通氧气源,逐步提高供氧压力,当供氧压力在 0.4 MPa 波动时,氧气压力表均应在 0.35 ~ 0.4 MPa,这表明减压阀的减压性能和稳压性能均良好。

5. 检查流量控制阀　逆时针方向缓慢旋转气流量控制阀,流量计刻度管内的两个浮子应上升至最大指示流量,然后关闭氧流量控制阀,逆时针方向缓慢打开氧化亚氮流量控制阀,氧气流量控制阀应能同时转动,氧化亚氮和氧气两者流量比例应在 1:3 到 1:2 的范围内。顺时针方向缓慢拧动氧气流量控制阀减少氧流量,氧化亚氮控制阀同时自动转动,氧化亚氮流量相应减少,氧化亚氮流量不迟于氧气流量关闭。将氧化亚氮和氧气流量全部打开后,试验单独减少氧化亚氮或提高氧气流量,两种气体的流量控制阀应无连锁转动发生。

关闭状态时,氧气、氧化亚氮没有气体流出,流量计内的浮子静止不动,旋开氧化亚氮旋钮,带动氧气旋钮旋开,氧气、氧化亚氮同时流出,流量计内的浮子同时浮起,并使氧气浓度不低于 25%,单旋开氧气旋钮,只有氧气气体流出,氧化亚氮没有气体流出。再关闭时,单关氧气,氧气、氧化亚氮同时慢慢关闭。关闭氧化亚氮时,只有氧化亚氮慢慢关闭。

注意:气体流量开关均应缓慢旋转,超出流量计指示的最大或最小流量范围时勿再用力旋动,以免使控制阀受损,控制失灵。

6. 检查快速供氧开关　按下快速供氧按钮,共同气体出口处应有明显气流声,松开按钮后,按钮能够自动回弹,并停止送气。

7. 检查气密性　将麻醉机工作方式转换开关拧至手动挡,气道压力表调到零位,将半紧闭阀顺时针方向旋至最大刻度位置,面罩三通接头与模拟肺相连,将手动呼吸囊套在转换开关下面的接口上,按下快速供氧按钮或开启流量控制阀,使气道压力表的指示达到 3 kPa,关闭快供氧按钮,关闭流量控制阀,观察 20 s 后,气道压力表所指示的压力下限值不应超过 0.3 kPa。

8. 检查放气阀 将检查气密性方式调整好各开关、旋钮的位置。打开氧流量至 5 L/min,调节放气阀,使气道压力表分别稳定在不同位置,当气道压力表稳定时,放气阀排气孔应有气流逸出。

9. 检查溢气活瓣 按检查气密性的方式调整好除工作方式转换开关外各开关旋钮。

将麻醉机工作方式转换开关旋至机控工作方式挡,打开氧气流量使折叠囊伸展上升到顶,氧流量升至 5 L/min,折叠囊轻度胀满,气道压力表指示压力不超过 0.3 kPa,同时废气排放口有气体逸出。打开呼吸机,调节合适的呼吸频率及潮气量,以机控方式观察 2 L/min 氧流量时,折叠囊仍在呼气末处于全伸展位,呼气末气道压力表指示压力不超过 0.3 kPa。呼气活瓣:患者呼出气体经螺纹管和流量传感器后进入二氧化碳吸收器,随呼吸运动,可见两个活瓣膜片交替启闭。

10. 检查 APL 阀 APL 阀为压力限制阀,按检查气密性方式调整好各开关、旋钮的位置,打开氧气源气流量至 5 L/min,调节 APL 阀,使气道压力表分别稳定在不同位置,当气道压力表压力稳定时,APL 阀排气孔应有气流逸出。压力限制阀用做手动呼吸时设定峰值压力并有放气功能,颜色表示不同压力区,绿色表示安全区,黄色表示过渡区,红色表示高压区,调节范围为 0.19 ~ 6 kPa。

11. 检查麻醉药 液面充填药液时应注意观察窗口中的药液平面,使之处于最大刻度线与最小刻度线之间,勿超过满刻度线,否则蒸气输出浓度不稳定。使用过程中要保持观察窗中可见药液。充填药液后,蒸发器的药液排放口应无药液滴漏,如有滴漏现象应照前述关紧排放口。

12. 钠石灰罐的检查 钠石灰罐中钠石灰颜色变白后及时更换。

13. 气道压力上限报警功能检查 调节压力上限设置按键,显示值略低于气道压力峰值时,上限报警的发光二极管亮,同时由吸气转入呼气,气道压力随之下降。

14. 气道压力下限报警功能检查 将吸气通道管摘掉,10 ~ 15 s 后声光报警。

15. 潮气量及呼吸频率检查 调节潮气量旋钮,潮气量显示有变化。改变呼吸频率设定值,呼吸次数明显改变。

16. 麻醉机的操作

(1)吸呼比的设置:按下吸呼比键时,此键左上角灯亮,同时被修改部位闪烁,这时按▲ 键或▼键,可进行吸呼方式的设置。

(2)呼吸频率的设置:按下呼吸频率键时,此键左上角灯亮,同时被修改部位数值闪烁,这时按▲键或▼键,可进行呼吸频率的设置。

(3)气道压力上限的设置:按下压力上限设置键时,此键左上角灯亮,同时被修改部位数值闪烁,这时按▲键或▼键,可进行气道压力上限的设置。

(4)气道压力下限的设置:按下压力下限设置键时,此键左上角灯亮,同时被修改部位数值闪烁,这时按▲键或▼键,可进行气道压力下限的设置。

(5)潮气量的设置:可调节呼吸机前面板上流量旋钮,顺时针旋转数值减小,逆时针旋转数值增大。

(6)氧浓度的设置:将氧浓度探头旋下,调节呼吸机后部氧浓度调节电位器,使显示值为 2 L 即可。

(7)消除报警:当报警时,按下此键,可消除报警。

实训提示

整机安装结束后,要对已安装好的机器进行严格检查。检查电气连接是否正确,各种气源及气路连接管是否连接无误、有无松动。检查各种气源输入管与机器背面的气源接口连接是否正确。接通气源后,分别检查机器正面压力表指示值,要求稳定在 0.4 MPa±0.1 MPa。

实训体会

实训结束后,总结自己在实训过程中在理论上和实践技能方面的收获,如在使用操作、参数设置调整、零部件的安装调试等方面学到的实践技术。

实训七　体外冲击波碎石机的操作

> **实训目标**

1. 知识目标

（1）了解体外冲击波碎石机的原理与结构。

（2）了解体外碎石机的使用方法及注意事项。

2. 技能目标

（1）掌握体外冲击波碎石机的结构及工作原理。

（2）掌握体外碎石机的使用方法及注意事项。

> **实训相关知识**

体外冲击波碎石术属于非接触式碎石。它是在人体之外产生冲击波能量，通过人体组织传入体内，并予以会聚，使之在结石处提高能量密度，将结石击碎，如图 5-16 所示。

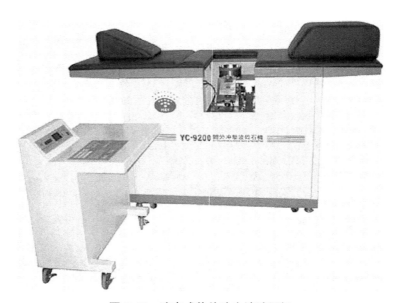

图 5-16　液电式体外冲击波碎石机

液电式体外冲击波碎石机主要构成系统有：冲击波发生器、聚能装置、定位系统、机械调整系统、触发信号与心电监护等部分，如图 5-17 所示。

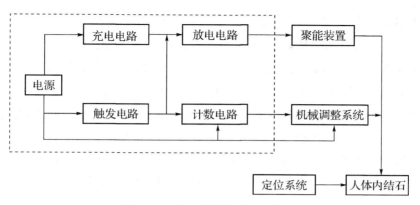

图 5-17 液电式体外碎石机框图

实训器材

液电式体外冲击波碎石机。

实训内容

1. 机器准备

（1）先对与患者接触部位（水囊、B超探头、体位架）做必要的清洗、消毒、灭菌。水囊在每次使用后应进行三次以上的消毒、灭菌、清洗。

（2）检查机器零部件是否有松动、异常现象,检查地线是否接好,水囊是否匝紧。

（3）检查电极是否安好,电极间隙是否过大,放电寿命是否已到。一般电极放电 2 500 次则要更换,电极间隙标准为 0.4～0.8 mm 之间。将电极插在反射器内孔上,用电极扳手顺时针拧紧（电磁式波源不需要此操作）。

（4）启动机器,进入主操作界面,填写患者资料。

（5）给反射器水囊进水、排气。

（6）患者上机前,需要放电试验多次。

2. 手动 B 超定位

（1）碎石前准备　患者在碎石前,操作人员应对患者进行 B 超检查及 X 线拍片检查,了解患者结石在体内位置、数量、形态、深度、角度等,必要时做好标记。患者上床前,先确定患者应该躺下的方向。可调整 B 超探测深度（按键调整其探测深度）,可调整 B 超探头角（按键调整超声入射角度）,再通过水囊高低调节键调整水囊高度,并在水囊及探头上涂上超声耦合剂。

（2）寻找结石　第一步准备工作做好后,可扶患者上床。将 B 超探头对准患者结石部位,待患者躺好后固定好绑带。点击治疗床移动方向按键,使得机器做相应运动（实质亦是 B 超探头做相应方向的运动）。观察 B 超显示器上结石图像是否出现。如果没看到结石,则重复上述过程,直到观察到结石为止。

（3）在 B 超图像上寻找第二焦点　用 B 超测距功能测量结石距离体表深度。观察控制台上毫米数码显示窗口所显示的数据是否和 B 超所沿的距离数据一致。如是一致，这个数字就是探头表面到第二焦点的实际距离。再用鼠标点击第二焦点位置键，然后移动鼠标指向显示屏图像区的中轴线上，而且是结石所处的深度上，按下鼠标左键标定第二焦点十字光标（此十字光标的标定，根据不同的结石深度是可变的）。这时，操作机器将结石移动到十字光标处，结石则移动到了实际碎石焦点上。

（4）要准确使结石移至图像上第二焦点处　这一过程要细心，要反复观察。在定位过程中，若要降低患者与第二焦点高度，先下降探头，降低水囊，才能改变高度。

3.手动 X 线定位

手动 X 线定位与手动 B 超定位比较只是定位方法不同，应做的前提准备工作是一样的。

（1）扶患者上床后，将患者的结石部位大概移动到 X 线视野范围，并将患者固定好。

（2）启动 X 线机，根据患者的身体条件设定相应 kV、mA 值。移动 C 臂处于垂直位，右脚踩下透视脚踏开关，对患者进行 X 线正投影透视寻找结石，若看不见结石则移动床体前后、左右二维四向运动，看见结石后继续按相应的移动键将结石直接移动到十字光标上，停止 X 线透视，平面定位结束。

（3）移动 C 臂到斜位，踩下透视脚踏，对患者进行 X 线斜切位投影透视，观察结石是否在十字光标上。如果结石不在十字光标上，则结石与十字光标高度不符，按床体上下移动键，使结石与十字光标重合。停止 X 线透视，手动 X 线定位结束。

（4）要准确定位结石，可能要重复上述第 2、第 3 个步骤。

强调：X 线定位，第二焦点的十字光标是不能改变的。

4.B 超的自动定位

扶患者上床，将 B 超探头对准患者的结石部位，待患者躺好后固定好绑带。

（1）观察 B 超图像中是否有结石投影。如有，则观察结石的深度与控制界面的数显深度是否一致；若不一致，则在结石深度毫米窗口输入 B 超所测的深度值，按"OK"键确认后，测深装置即自动调整结石深度毫米窗口值，当数显值等于结石深度毫米窗口值时，自动测深停止。

（2）用鼠标点击第二焦点位置键，再移动鼠标指向显示屏图像区的中轴线上而且是结石所处深度上，按下鼠标左键标定第二焦点十字光标。

（3）移动鼠标指向显示屏图像中结石，并单击鼠标左键标定第二焦点（结石）移动光标，然后按下鼠标右键不放向右拖动鼠标，机器前后、左右相应方向自动移动，当移动光标移动到第二焦点光标时，机器运动停止，光标自动消失，自动定位结束。

5.X 线自动定位

X 线自动定位较 B 超自动定位简单，第二焦点光标不需要变动。

（1）扶患者上床后，将患者结石部位大概移动到 X 线视野范围，并将患者固定好。

（2）单击 C 臂处于垂直状态键,使 C 臂处于垂直位置,踩下 X 线透视脚踏开关,对患者进行 X 线正投影透视寻找结石。找到结石后,移动鼠标指向结石并单击左键标定第二焦点（结石）,移动光标,然后按下鼠标右键不放往右方向拖动鼠标,机器前后、左右相应方向自动移动,当光标移动到第二焦点光标时,机器自动停止,正投影自动定位结束。

（3）单击 C 臂斜位键,使 C 臂转至斜位,踩下曝光按钮,对患者进行 X 线斜位切面投影透视。找到结石后,移动鼠标指向结石并单击鼠标左键标定第二焦点（结石）,移动光标,然后按下鼠标右键不放往右方向拖动鼠标,机器上下相应方向自动移动,当光标移动到第二焦点光标时,机器自动停止,斜投影自动定位结束。

6.碎石治疗

（1）启动高压系统。

（2）调节高压,把电压调到所需值（液电碎石一般为 5～9 kV,电磁碎石一般为 16～19 kV,从低电压开始调节）。

（3）按单次脉冲键,释放一个脉冲,使高压放电一次,目的是让患者体验一下,看是否适应。

（4）按下连续脉冲键,开始连续释放脉冲,高压连续放电。

（5）如需使用心电同步触发放电功能,在机器配置有心电监护的前提下,按下连续脉冲键,高压开始与心跳同步触发放电。

7.碎石结束

（1）碎石结束后,需按以下程序进行关机:

①把电压降为零,观察电压表指示,但此时高压电容箱还储存有高压电荷。

②按单次脉冲放电键,机器作最后一次放电,彻底放完电。

③关闭高压。

（2）操作过程中的注意事项

①注意要让水囊紧贴患者。

②机器上升高度要合适,不要让患者压迫探头过紧。

③发现患者严重不适,要立即停止高压放电。

④定位后,不能变动患者体位。在 B 超监护下,若结石偏离第二焦点,应按寻找结石方法校正。

（3）判断碎石粉碎

①结石影像变大、变淡、变多。

②结石轮廓明显改变。

③在 B 超上常见超声影像分布改变。

④胆结石粉碎石在 B 超图像中,除轮廓外,碎块沉积与胆壁之间无黑色积液,才是判断胆结石粉碎的可靠依据。

实训提示

1. 实训前应对体外冲击波碎石机的工作原理、结构和使用方法进行复习。

2. 实训过程中,要认真阅读体外冲击波碎石机的使用步骤与注意事项,防止出现安全事故。

3. 操作中要注意与其他同学的配合,在不确定的情况下要询问老师后方可进行下一步操作。

 思 考 题

1. B超定位和X线定位有何区别?

2. 当患者有多个结石时,碎石有没有先后顺序?

3. 一次碎石过程中,有没有高压放电次数要求?

实训八　He-Ne 激光治疗机的调整和使用

实训目标

1. 知识目标

（1）了解 He-Ne 激光治疗机的工作原理和基本结构。

（2）学会正确调试和使用 He-Ne 激光治疗机。

2. 技能目标

（1）掌握 He-Ne 激光治疗机的基本结构及使用方法。

（2）能正确调试和使用 He-Ne 激光治疗机。

实训相关知识

1. **He-Ne 激光治疗机的组成**　He-Ne 激光治疗机一般由 He-Ne 激光管、电源系统、控制保护系统和导光系统等构成。

He-Ne 激光治疗机由激光管和激励电源组成,激光管由放电管和谐振腔组成,放电管包括储气管、放电毛细管和电极。储气管与放电毛细管二者是同轴相通连接,放电毛细管是产生气体放电和激光的区域。激光管内装有一定比例的氦、氖气体。其输出波长为 632.8 nm 的可见红光。

He-Ne 激光治疗机的导光系统一般采用原光束、导光纤维及扩束三种导光系统,这三种导光系统可根据治疗的需要相互转换。采用原光束作治疗光,可充分利用治疗机的激光输出功率,但在对准治疗部位时较为麻烦;采用导光纤维的导光方式,其激光的输出功率因衰减而降低,但导光纤维比较柔软容易弯曲,能方便地将激光传输到所要治疗的部位;采用扩束输出的导光方式,是用扩束镜片把激光束扩束,以增加光束的治疗面积。

2. **He-Ne 激光治疗机的工作原理**　激光管内的氦氖混合气体在高电压下放电,这时管内出现大量自由电子,它们在放电管轴向电场作用下从阴极向阳极做加速运动。这些电子与氦原子碰撞后将氦原子激发到较高能级上去,在高能级上的氦原子与基态的氖原子碰撞之后（能量转移）,氦原子回到基态,氖原子被激发到高能级,当氖原子足够多时,就可实现粒子数反转,产生激光。

3. **He-Ne 激光治疗机的特点**　He-Ne 激光治疗机结构简单,使用方便,光输出稳定。

它的输出端可加凸透镜或凹透镜,聚集光束(光针)直接接触做穴位照射或散焦光束做局部理疗性质的照射。还常用作红外波段激光治疗机(如 Nd:YAG、CO_2 激光机等)的指示光。

4. He-Ne 激光治疗机的用途　可促进伤口、溃疡面的愈合;可进行穴位照射及进行光动力学治疗。如激光针灸就是与传统针灸结合作用于人体,通过照射人体体表或经络穴位调整体内阴阳平衡和气血运行,从而达到治疗目的。激光针灸是代替传统针灸治疗,具有针感强,疗效显著,无接触感染,无痛,无副作用,不会有感染、晕针之功效,采用二分叉光纤输出,还可对人体多穴位进行激光理疗。

实训器材

He-Ne 激光治疗机。

实训内容

1. 使用前准备

(1)将锁开关置于"关"位置。

(2)安装扩束器或插上导光纤维,旋紧。

(3)插上电源插头,通上交流 220 V 市电。

2. 操作步骤

(1)将锁开关置于"开"位置。

(2)将定时器调到所需的激光定时工作时间值。

(3)本机输出功率可调节,按下启动按钮,启动指示灯亮,激光输出。

(4)根据需要调节扩束器使激光束达到所需的光斑大小,或将光纤输出头置于所要治疗的部位,即可进行激光治疗。

(5)原设定的时间到,蜂鸣器发出提示音,告知本次输出时间结束,定时器复位后,按下启动按钮,启动指示灯灭,激光停止输出。

(6)如果要激光再次输出,只需要再次按下启动按钮即可。

(7)工作结束时将锁开关置于"关"位置,拔出钥匙,交由专人保管,并拔出电源插头。

3. 安全注意事项

(1)如不按规定方法使用控制器件或进行操作,会产生具有危险的辐照量。

(2)禁止直接用眼睛或其他光学仪器观看激光束。

(3)必须避免使用易燃麻醉剂或氧化性气体如氧化亚氮(N_2O)和氧气。

实训提示

1. 实训前应先对 He-Ne 激光治疗机的工作原理、结构和使用操作方法进行复习。

2.实训过程中,要熟悉激光治疗机的安全操作步骤与注意事项,在实训过程中要认真仔细,防止出现安全事故。

思考题

1.He-Ne激光治疗机的基本操作有哪些?

2.使用He-Ne激光治疗机的注意事项有哪些?

实训九 直线加速器的操作

实训目标

1. 知识目标

（1）了解医用电子直线加速器的工作过程和操作步骤。

（2）熟悉医用电子直线加速器的结构和各部分的专业名称及作用。

（3）熟练医用加速器各主要部件的故障判断和维护。

2. 技能目标

（1）掌握电子直线加速器的工作过程和操作步骤。

（2）掌握电子直线加速器的结构及各部件的专业名称和作用。

（3）掌握各主要部件的故障判断和维护。

实训相关知识

电子直线加速器是利用微波电磁场加速电子并且具有直线运动轨道的加速装置。电子直线加速器的加速方式有两种：行波加速方式和驻波加速方式。医用直线加速器是用于癌症放射治疗的大型医疗设备，它通过产生 X 射线和电子线，对病人体内的肿瘤进行直接照射，从而达到消除或减小肿瘤的目的。

实训器材

医用电子直线加速器。

实训内容

1. 参观医用电子直线加速器的外形及机房布局和辐射防护，如图 5-18 ～图 5-20 所示。熟悉加速器的各个组成部分。

图 5-18　美国 Varian 医用电子直线加速器的外观

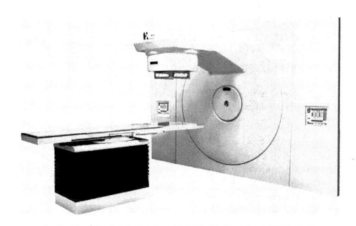

图 5-19　瑞典 ELEKTA 医用电子直线加速器的外观

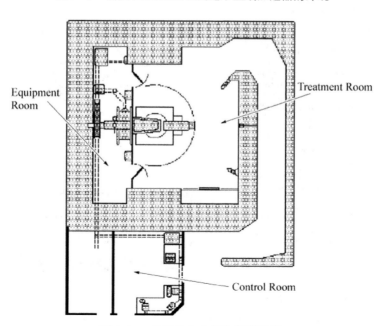

图 5-20　典型机房布局和辐射防护

2. 操作控制台各个按钮实现加速器的各个功能,比如机头的摆动、治疗床的升降、照射野的调整等,如图 5-21、图 5-22 所示。

1　**STOP** motors button, which stops all motors when pressed.

2　**LIGHTS** buttons:

- **FIELD** on/off control for the field definition light. (In MLC systems the field light button has no function.)

- **DIST** on/off control for the distance meter light.

- **ROOM** on/off control for the room dimmer.

3　Miscellaneous buttons:

- **ISO CNTR** on/off control for the room laser(s) and backpointer laser.

- **TOUCH GUARD** key to override the touchguard interlock.

- **CNTR FIELD** key to center the field from an offset position. (For an MLC this button toggles between the prescribed field and a 30×30 cm symmetric field.)

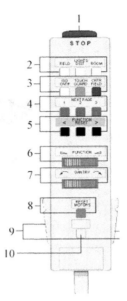

图 5-21　ELEKTA PRECISE 手控器

1　A **green indicator** that lights to indicate radiation OFF.

2　A **yellow indicator** that lights to indicate radiation ON.

3　An **ASU** [Assisted Set Up] key that, with key 9, initiates automatic set up.

4　A **TERMINATE** key that terminates the delivery of radiation and stops movements in the treatment room. After the key has been pressed and ill uminated it is locked in the down position. The key must be pressed again to unlock the Precise Desktop system.

5　A **START** irradiation key.

6　>> Used to page forward through the pages on an optional monitor, if available

7　<+> This key is not used.

8　<< Used to page backward through the pages on an optional monitor, if available.

9　**AUTO** [ASU]–see 3.

10　**INTERRUPT** delivery of field key

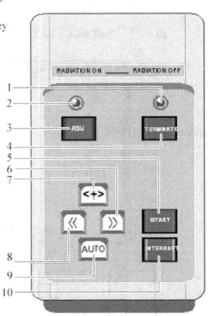

图 5-22　ELEKTA PRECISE 功能键盘

3. 掌握加速器微波系统原理，认识加速器波导系统的结构，如图 5-23 所示。

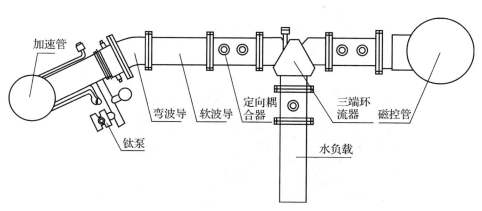

图 5-23　电子直线加速器的波导系统

4. 通过操作台以及加速器主机上显示的数据，分析加速器微波系统及电子枪等的工作状况，如图 5-24 所示。

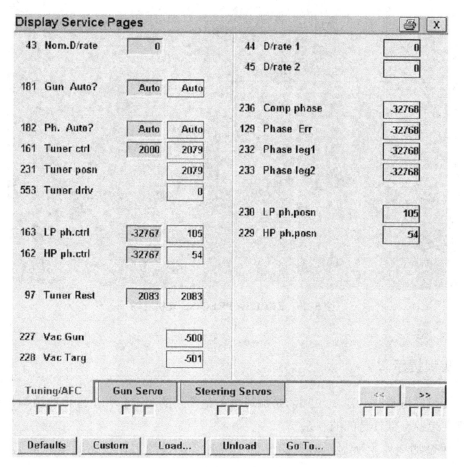

图 5-24　ELEKTA 电子枪伺服

5. 利用电离室对输出剂量进行校正,如图 5-25 所示。

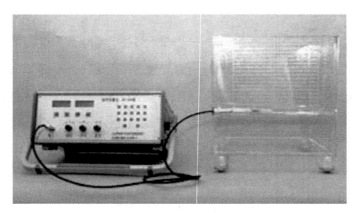

图 5-25 电离室剂量仪

6. 有条件的可让学生见习加速器的初装,如图 5-26 所示。

图 5-26 ELEKTA PRECISE 装机现场

实训提示

1. 通过实际操作让学生更加清楚加速器各个部件的名称和各个部件的结构与功能,并且建立起各个部件之间的联系。

2. 通过加速器上所显示数据的分析了解各个部件的工作状态并学会常见故障的判断。

3. 通过对加速器的检漏实验明白真空对加速器的重要性。

4. 通过加速器上所显示数据的分析,了解各个部件的工作状态并学会常见故障的判断。

5. 通过对辐射野的校准明白 X 线的性质及对患者的作用与危害,从而增加学生今后工作的责任意识。

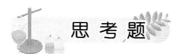

实训体会

通过实训可以使理论联系实际,使理论知识掌握得更加牢固,使动手能力得以增强。因此应充分重视实训课程。同时,因医用电子直线加速器是输出高能射线的装置,所以在整个实训过程中,要遵照老师指导做好个人防护工作。

思 考 题

对实训中遇到的问题进行讨论,讨论总结医用电子直线加速器的结构和功能。最好学生能自己总结绘制出医用电子直线加速器的结构框图。对实训中遇到的问题进行讨论,讨论检漏方法和剂量校准方法。

项目六　常用超声诊断仪器实训

实训一　B型超声诊断仪基本设置和操作

实训目标

1. 知识目标

（1）熟练地进行 B 型超声诊断仪基本设置和操作。

（2）熟悉和掌握 B 型超声诊断仪各种功能键参数的意义。

2. 技能目标

（1）学会设置调节功能键参数，观察不同设置对超声声像图的图像质量的影响。

（2）熟练使用 B 型超声诊断仪的键盘测量功能键。

实训相关知识

牙科综合治疗机是一种口腔科综合治疗设备。配有高速车头、低速直弯车头及气动马达、冷光手术灯、三用喷枪、观片灯、电风扇等。车头系统采用气动控制，性能可靠，布局合理，便于操作，可完成口腔科综合性治疗手术。

实训内容

本实训要求学生在 B 型超声诊断仪的键盘上进行各种功能键的练习，学习 B 型超声诊断仪各种功能按键的作用。由于不同型号 B 型超声诊断仪键盘的控制键、功能键的布局是不同的，在这里选择 B 型超声诊断仪键盘通用控制键和功能键进行操作练习。

1. 介绍键盘上控制键的功能

（1）键盘功能键布局如图 6-1 所示。

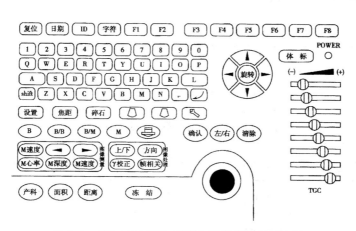

图 6-1　CX-1000 型 B 型超声示教仪键盘示意图

（2）控制键功能如表 6-1 所示。

表 6-1　CX-1000 型 B 型超声示教仪键盘控制键功能表

按键名称（图形）	功　　能
B	置当前工作模式为 B 型，全屏幕显示
B/B	置当前工作模式为 B/B 型，在屏幕的左右两个屏幕上显示，一幅冻结显示；另一幅实时显示
B/M	置当前工作模式为 B/M 型，一幅 M 显示，另一幅 B 显示
M	置当前工作模式为 M 型，全屏幕显示
字符	用于输入字符 0～9；A～Z
F1	单幅/循环连续回放状态转换
F2	单幅逆序逐帧循环回放
F3	单幅顺序逐帧循环回放
F4	进入连续顺序循环回放状态
F5	伪彩色 8 色变换
F6	进入/退出电影记录状态
F7	探头变频显示功能
F8	增益调节线隐藏/显示转换键，隐藏状况下分段增益不可调（调节增益后，必须按 F8 键退出，否则别的键可能无效）
(−) ▬◢ (+)	8 段增益调节。在增益调节线显示状态下，向左调节滑动电位器减少增益（−），反之增大（+）

（续表 6-1）

按键名称（图形）	功　　能
体标	用于输入 16 种体位标记
旋转	用于输入体位标记时箭头旋转
◄ ▲ ► ▼	用于调节输入字母时光标的位置；16 种体位标记选择
焦距	用于 B、B/B 模式下选择发射焦距：近场、近中场、中远场、远场
⌂↑	穿刺线显示
⊕	循环选择 B 模式下放大倍率 ×1.0，×1.2，×1.5，×2.0
M 心率	M 型模式时用于测量心率
M 深度	M 型模式时用于测量深度
距离	B、B/B 模式时用于测量距离
面积	B、B/B 模式时用于测量面积
M 速度	在 M 型模式时，调节扫描速度（慢速：4 秒 / 幅，成人；快速：2 秒 / 幅，胎儿 / 成人）
◄ ►	用于 B / M 型模式时采样线的移动
轨迹球	操作此球可在输入患者识别标志、日期、注释或测量时移动光标，也可移动探头标志
上 / 下	B 或 B/B 模式时，转换图像扫描的上、下方向
方向	B 或 B/B 模式时，转换图像扫描的左、右方向
γ 校正	对图像进行 γ 校正调节，当 γ 校正调节至第 8 个状态时为负片
帧相关	调节图像的帧相关系数，FRM：0 ～ 7
确认	用于测量时确定测量点，输入字符完成时，退出输入状态
清除	用于清除测量线、字符等
冻结	用于冻结图像
ID	用于输入年龄、性别、病历编号

174

（3）屏幕信息见表 6-2 所示。

表 6-2　CX-1000 型 B 型超声示教仪显示器屏幕信息表

屏幕右边显示信息	说　明	
** / ** / **	** 年 /** 月 /** 日 /	
：：**	** 时：** 分：** 秒	
AGE	受检者年龄	
SEX	受检者性别	
ID	受检者编号	
XL	图像倍率 ×1.0、×1.2、×1.5、×2.0	
FRM	八种帧相关 0、1、2、3、4、5、6、7	
3.5 MHz R60	自动识别探头、显示探头频率	
TX：*	四种发射焦距 1、2、3、4	
PT：***	碎石定位点距探头表面距离 *** 毫米	
F=**MHz	探头变频显示	
D+	第一组距离测量结果	（单位：mm）
D×	第二组距离测量结果	（单位：mm）
D* /	第三组距离测量结果	（单位：mm）
D#	第四组距离测量结果	（单位：mm）
C：	周长测量结果	（单位：mm）
A：	面积测量结果	（单位：mm^2）
HR：	心率测量结果	（单位：次 /min）
D+ /D×	深度测量结果	（单位：mm）
V+ /V×	速度测量结果	（单位：mm/s）

2. 键盘按键基本操作

（1）仪器的启动及探头的选择

首先对仪器进行整体检查，在各种连线及探头都已正确连接的情况下，开启电源；若只有一个探头的情况下，仪器将自动识别探头的接口，不需要进行探头选择；若选配两个探头接口时，仪器默认为探头 1 接口，可以根据需要，按键盘上的探头键进行接口选择，每按一下，探头接口转换一次。

（2）帧相关功能的操作

在非冻结状态下连续按下帧相关键，可选择 8 种不同的帧相关使显示图像更加平滑，在屏幕上显示 FRM：0～7。

（3）发射焦距的选定

根据实际临床的需求，操作者可以对仪器的发射焦距进行选择。通过键盘选择焦距键，每按键一次，可循环采用近场、近中场、中远场、远场不同的发射焦距，屏幕右侧显示 TX：1（或者 2、3、4）。

（4）图像放大的操作

可以对图像进行放大，有 ×1.0、×1.2、×1.5、×2.0 四种放大状态，操作者可以根据实际临床的需求按放大键，依次切换图像放大倍数。开机状态为 ×1.0，屏幕右侧显示 XL：×1.0（或者 ×1.2、×1.5、×2.0）。

（5）探头扫描方向转换功能的操作

按下方向键，可改变探头扫描方向。

（6）分段调节时间增益

仪器探测深度（即 B 超图像范围）为 0～200 mm，共分为 8 段，每 25 mm 为一段。8 段增益调节是否恰当是图像是否理想的关键所在。

先按下 F8 键，任意调节一下电位器后，增益调节线处在显示状态，屏幕左侧显示的增益线（实线），垂直方向的虚线为增益 0（基准参考线）指示，虚线左方为负，虚线右方为正，如图 6-2 和图 6-3 所示。

分段增益调节由 8 个滑动电位器控制，向左调节滑动电位器减少增益（−），反之增大（＋）。调节后，必须按 F8 键退出，否则别的键可能无效。再次按下 F8 键，可重新进入调试状态。8 段增益电位器调节说明如表 6-3。

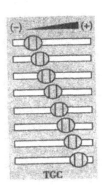

图 6-2　增益线调节　　　图 6-3　8 分段增益调节按键

表 6-3　分段增益图像调节范围

电位器序号	图像范围（mm）	增益
1	0～25	近场
2	25～50	
3	50～75	中场
4	75～100	
5	100～125	
6	125～150	远场

每个深度对应图像上相应深度的图像增益变化。要想获得比较好的图像,就要调动与整帧图像不协调的位置。如近场较亮,那么分别向左移动"1、2 或 3"电位器,使其亮度减弱,与整帧图像亮度相协调,达到整帧图像亮度、对比度及回声均匀。其他以此类推,使图像整体均匀,轮廓清晰,从而获得比较好的整帧图像。

调节完成后,按 F8 键,隐藏增益调节线,分段增益被处于锁定状态,不可调节。

3. 测量操作

(1) 距离测量(此项操作只在 B 模式下进行)

按下距离键,屏幕上出现"+"符号,屏幕右侧显示"D+:"。使用轨迹球,移动"+"符号置于所要测量的起点。按下确认键,这时第一个"+"符号被固定,使用轨迹球,将第二个"+"符号移至要测量的终点,此时屏幕右侧显示两点距离。

注意:当按下左 / 右键时,第二个"+"符号被固定,使用轨迹球,可再次移动第一个"+"符号。

(2) 面积、周长测量(此项操作只在 B 模式下进行)

按下面积键,屏幕显示"+"符号,屏幕右侧显示"C:","A:"。使用轨迹球,移动"+"符号置于所要测量的起点。按下确认键,这时"+"符号被固定,使用轨迹球画出一闭合曲线,再次按下确认键,面积 A 和周长 C 就测量出来了,此时在屏幕右侧显示面积、周长的数值。

(3) 心率测量(此项操作只在 M 模式下进行)

慢速:每幅 4 s,心率有效范围 12～125 次 /min,用于成人测量。

快速:每幅 2 s,心率有效范围 25～255 次 /min,用于成人和胎儿测量。

按下心率键,屏幕右侧显示"HR"字样,屏幕上出现"+"符号。使用轨迹球,移动"+"符号置于所要测量的起点。按下确认键,此时"+"符号被固定,使用轨迹球,将"+"号移至终点,再按下确认键,此时屏幕右侧显示心率数值。

4. 参数设置

(1) 时间和日期的设置

按下日期键,在屏幕右上角时间、日期处有一光标,此时即可利用数字键进行时间和日期的设置。

(2) 注释的输入

按下字符键,在屏幕中央出现一个光标。可使用轨迹球把光标移至所需的位置,即可在光标处选用字母及数字键写入所需的注释。

(3) 受检者年龄、性别、编号等内容的输入

按下 ID 键,在受检者编号区域有一光标,可选用字母及数字键输入所需的内容。其中"ID"表示编号,"SEX"表示性别,可用"M"表示男,"F"表示女,"AGE"表示年龄,输入时要先输入年龄(两位数),再输入 M(代表男)或 F(代表女),最后在 ID 后输入编号,编号为 5 位数。

注意：编号等的内容最多可输入五个字符。

（4）体标的显示

在键盘上选择体标键,这时监视器中图像区的左下角会出现第一个体标。本仪器有16种体标可供选择,包括正常人体的前后、左右、头部等部位的体标10个,胎儿的图标6个。选定体标后,再按体标挡中的旋转键,在体标的左上方出现一个标有方向的箭头。再次按旋转键,对箭头的方向选择,使箭头的方向和探头的扫描方向一致。转动轨迹球,移动箭头,使箭头的方位和实际探头在人体的部位一致。

实训器材

CX-1000 型医用 B 型超声诊断示教仪。

实训内容

（一）实训步骤

1. B 模式帧相关功能的操作

在非冻结状态下连续按下帧相关键,通过图像变化观察其去噪效果,本仪器可选择 8 种不同的帧相关,看哪一种帧相关处理显示图像最平滑,其中在屏幕上显示 FRM:0～7。

2. B 模式发射焦距的选定

通过键盘选择焦距键,每按键一次,可循环采用近场、近中场、中远场、远场几种不同的发射焦距,屏幕右侧显示 TX:1(或者 2、3、4)。观察它对图像质量效果的影响。

3. B 模式图像放大的操作

操作者可以根据实际临床的需求按放大键,依次切换图像放大倍率。开机状态为 ×1.0,屏幕右侧显示 XL:×1.0(或者 ×1.2、×1.5、×2.0)。

4. B 模式探头扫描方向转换功能的操作

操作者通过连续按下方向键,可改变探头扫描方向,可观察其图像变化。

5. B 模式分段调节时间增益

仪器探测深度（即 B 超图像范围）从 0～200 mm,共分为 8 段,每 25 mm 为一段。8 段增益调节是否恰当是图像是否理想的关键所在。

先按下 F8 键,任意调节一下电位器后增益调节线处在显示状态,屏幕左侧显示的是增益线（实线）,垂直方向虚线为增益 0（基准参考线）指示,虚线左方为负,虚线右方为正。

分段增益调节由 8 个滑动电位器控制,向左调节滑动电位器减小增益（一）,反之增大增益（＋）。调节后,必须按 F8 键退出 , 否则别的键可能无效。再次按下 F8 键,可重新进入调试状态。

每个深度对应图像上相应深度的图像增益的变化。要想获得比较好的图像,就要调动相对于整帧图像不协调的位置。如近场较亮,那么分别向左移动"1、2 或 3"电位器,使其亮度减弱,与整帧图像亮度相协调,达到整帧图像亮度、对比度及回声均匀。其他以此类推,使图像整体均匀,轮廓清晰,从而获得比较好的整帧图像。

调节完成后,按F8键,隐藏增益调节线,分段增益被处于锁定状态,不可调节。

6. B模式图像的获得

（1）在受检者将要检查的身体部位表面和探头上均匀涂上一层耦合剂。

（2）把探头放在检查区域,显示器将立即呈现一幅B超图像。

仪器使用时,若图像光点较粗,可根据说明书中帧相关的操作方法将帧相关选择在6或7状态。

（3）如果已经获得了所需的检查图像,可按下冻结键,即可将图像冻结。

7. B/B模式图像的获得

（1）把探头放在检查区域,并按下B/B键,此时图像将显示在显示器的左边,若此时再按一下该键,则左边图像将被冻结,而右边图像将实时显示。

（2）如果已获得所需图像,可按冻结键,则左右两幅图像都将被冻结,在屏幕右下方会出现"FREEZ"字样。

（3）按下B/B键一次,则当前图像冻结,另一幅图像解冻。

8. B/M模式图像的获得

（1）在解除冻结状态下按下B/M键就可选择此模式,在屏幕的左半边将显示实时的断层图像。

（2）在B模式图像上有一采样线,在解冻状态下移动鼠标可左右移动此线至采样。

（3）如果已获得所需的图像,可按冻结键,则两幅图像均被冻结。此时屏幕右下方会出现"FREEZ"字样。

①B/M模式是B模式向M模式转换的中间状态,在B/M模式下,不能进行B模式下的任何测量,也不能进行M模式下的任何测量。

②B/M模式不可以进行清除操作,如果误按清除键,将会清除掉B/M中的采样线。再一次按B/M转换键即可再次进入B/M模式。

9. M模式图像的获得

（1）在非冻结状态下,按M键实时显示M模式的图像。

（2）本仪器共有2 s和4 s两种扫描速度,按下M速度键,可选择2 s和4 s两种扫描速度(慢速:4 s/幅,成人;快速:2 s/幅,胎儿或成人)。

10. 距离测量

（1）按下距离键,屏幕上出现"+"符号,屏幕右侧显示"D+:"。

（2）使用轨迹球,移动"+"符号置于所要测量的起点。

（3）按下确认键,这时第一个"+"符号被固定,使用轨迹球,将第二个"+"符号移至要测量的终点,此时屏幕右侧显示两点距离。

（4）若测量已结束,则可按确认键加以确认。

（5）第二、三、四把电子尺的测量方法重复步骤（1）～（4）即可。

（6）按下清除键，则可清除所有的距离测量值。

注意：当按下左/右键时，第二个"+"符号被固定，使用轨迹球，可再次移动第一个"+"符号。

11. 面积、周长测量的操作

注意：此项操作只在 B 模式下进行。

（1）按下面积键，屏幕显示"+"符号，屏幕右侧显示"C："，"A："。

（2）使用轨迹球，移动"+"符号置于所要测量的起点。

（3）按下确认键，这时"+"符号被固定，使用轨迹球画出一闭合曲线，再次按下确认键，面积 A 和周长 C 就测量出来，此时在屏幕右侧显示面积、周长数值。

（4）若测量完毕，可按下清除键，清除所测量的面积和周长数值。

12. 心率测量的操作（此项操作只在 M 模式下进行）

慢速：每幅 4 s，心率有效范围 12 ～ 125 次/min，用于成人测量。

快速：每幅 2 s，心率有效范围 25 ～ 255 次/min，用于成人和胎儿测量。

（1）按下心率键，屏幕右侧显示"HR"字样，屏幕上出现"+"符号。

（2）使用轨迹球，移动"+"符号置于所要测量的起点。

（3）按下确认键，此时"+"符号被固定，使用轨迹球，将"+"号移至终点，再按下确认键，此时屏幕右侧显示心率数值。

（4）若测量完毕，可按下清除键，清除所测量的数值。

13. 时间和日期的设置

按下日期键，在屏幕右上角时间日期处有一光标，此时即可选用数字键进行时间和日期的设置。

格式为"** 年 /** 月 /** 日"

"** 时 /** 分 /** 秒"

输入完毕可按确认键，此时时间和日期被确认。

14. 注释的输入

（1）按下字符键，在屏幕中央出现一个光标。

（2）可使用轨迹球把光标移至所需的位置，即可在光标处选用字母及数字键写入所需的注释。

（3）当需要清除注释时，按清除键即可。

15. 受检者年龄、性别、编号等内容的输入

按下 ID 键，在受检者编号区域有一光标，可选用字母及数字键输入所需的内容。其中"ID"表示编号，"SEX"表示性别，可用"M"表示男，"F"表示女，"AGE"表示年龄，输入时要先输入年龄（两位数），再输 M（代表男）或 F（代表女），最后在 ID 后输入编号，编号为 5 位数字。若已输入完毕，可按确认键加以确认。

注意：编号等的内容最多可输入五个字符。

16.体标的显示

在键盘上选择体标键,这时监视器中图像区的左下角会出现第一个体标。本仪器有 16 种体标可供选择,包括正常人体的前后、左右、头部等部位的体标 10 种,胎儿的体标 6 种。

选定体标后,再按体标挡中的旋转键,在体标的左上方出现一个标有方向的箭头。再次按旋转键,对箭头的方向选择,使箭头的方向和探头的扫描方向一致。转动轨迹球,移动箭头,使箭头的方位和实际探头在人体的部位一致。

（二）实训记录

实验名称						
时间			实验小组成员			
班级		姓名			设备号	
增益调节声像图		距离测量声像图		面积测量声像图		心率测量声像图
时间调节声像图		文字注释声像图		体位选择声像图		ID 信息声像图
备注						

思 考 题

1. 为什么键盘功能要通过划分区域设置？

2. 简述 B、B/B、B/M、M 模式下键盘操作功能的差异。

实训二　B型超声仪器临床操作

> **实训目标**

1. 知识目标

（1）熟练地进行B型超声诊断仪的基本设置和操作。

（2）熟悉和掌握使用B型超声诊断仪进行人体常见脏器部位（如肝、胆、脾、胃、肾、心脏等）的超声检查。

2. 技能目标

（1）利用所学人体解剖学知识,可以简单识别人体常见脏器超声声像图片。

（2）熟练使用B型超声诊断仪的键盘测量功能键。

> **实训相关知识**

超声诊断的主要原理是利用超声波在生物组织中的传播特性,亦即从超声波与生物组织相互作用后的声信息中提取所需的医学信息。当利用超声诊断仪向人体组织中发射超声波遇到各种不同的物理界面时,便可产生不同的反射、散射、折射、吸收和衰减等信号差异。将这些不同的信号差异加以接收、放大和信息处理,显示各种可供分析的图像,从而进行医学诊断。

1. 正常组织、器官的特点

人体不同的组织和器官均有其相应的正常声像图特点,掌握这些图像的特点,对于图像的正确分析和判断有着重要的作用。

（1）皮肤

正常皮肤均呈线状增强回声,厚约2～3 mm,边界光滑、整齐。

（2）脂肪组织

皮下脂肪及体内层状分布的脂肪均呈低水平回声,其内有散在的点状回声。当有筋膜包裹时,在脂肪与筋膜之间可有强回声。在某些解剖结构中混杂有脂肪组织时,其间的脂肪可为强回声。

（3）纤维组织

因为体内纤维组织多与其他组织交错分布,一般回声较强,某些排列均匀的纤维组织其回声相对较弱,纤维组织本身的声衰减现象较明显,甚者其后方可以出现声影。

（4）肌肉组织

肌肉组织长轴切面显示为较强的线状或条状回声,相互平行,排列有序,成羽状或梭形。肌肉组织短轴切面为类圆形、双凸透镜形或不规则型,肌肉中可见网状、带状分隔及斑点状回声。

（5）血管

血管纵切面呈无回声的管状结构,横切面呈环状。动脉管壁厚而光滑,回声强,搏动明显;静脉管壁薄,回声弱,搏动不明显。血管近端较粗,远端逐渐变细。

（6）骨骼

正常情况下超声波难以完全穿透骨组织,故不易得到完整的骨骼图像。成年人的成骨在近探头侧可见强回声的骨皮质回声带,骨内结构显示不清;肋软骨则表现为两条平行的高回声带,其间为低或无回声区,短轴则呈椭圆形的低或无回声区,其周边为一境界清晰、光滑的环状高回声环。

（7）实质脏器

实质脏器的表面均有一较强的带状回声,为纤维被膜。内部的实质为均匀的中、低水平的回声。以肝脏为标准:脾脏回声较肝脏低而细致,肾脏实质较肝脏实质回声低,胰腺回声较肝脏高而粗糙。

（8）空腔脏器

人体内的空腔脏器在不同的功能状态下通常显示不同的声像图特点。

如充满胆汁的胆囊,其形态多呈长茄状,壁薄而光滑,内部透声好,为无回声区。排空后的胆囊,其体积缩小,囊壁增厚,多呈双层。

正常充盈状态下的膀胱,其形态呈椭圆形及不规则的三角形,壁薄而光滑,尿液排空后膀胱壁增厚,表面不光滑。

胃肠道在充满液体时呈囊状或管状,无回声表现,当充满含有气体的内容物时形成杂乱的强回声反射。

2. 人体组织器官的声像图表现类型

（1）无回声

①液性无回声

液体内部十分均质,其声阻抗无多大差别,没有反射界面形成。正常状态下呈现无回声表现的有胆汁、尿液等。病理情况下呈现无回声表现的有腹腔积液及各个脏器的囊性病变、液化性病变等。

②衰减性无回声

声能被前方病变组织吸收,后方由于明显的声衰减而呈现无回声状态。人体脏器在纤维变性、脂肪变性及巨块型或弥漫型癌肿等病理情况下,其后方组织常有衰减性无回声表现。通常所称的声影 (acoustic shadow) 也是一种无回声表现,其形成原因除吸收外,主要是因障碍物造成的反射或折射,使声能不能向下传导所致。声影可见于正常的骨骼以及结石、钙化、致密的纤维瘢痕组织回声之后。

③均质性无回声

超声介质十分均质时,因其内部声阻抗几乎没有差别,在超声灵敏度低时也可表现为无回声状态,如淋巴结皮质等,这种均质性无回声在提高仪器灵敏度后可出现点状回声。

(2)低回声

超声介质比较均匀,其声阻抗差别较小,仅有少数反射界面,在正常灵敏度时表现为低回声状态,如正常肾实质、肝脏、脾脏及部分玻璃样变性的病理组织等。

(3)高回声

组织器官纤维化、脂肪变性等可表现为弥漫性点状回声,脏器内部有新生物形成时可表现为高回声结节或团块,导致回声增强的原因是病理组织较正常组织结构致密,声阻抗增加,反射界面增多所致。

(4)强回声

正常人体骨骼,各种病理性结石、钙化灶等,因其内部结构十分致密,与周围组织声阻抗相差悬殊,造成强烈的反射,表现为强回声团、强回声带等。肺及充气状态下的胃肠,在声像图上表现为多次反射的强回声带,形成的原理是因气体的声阻抗大大小于身体软组织的声阻抗,探头发生的声能几乎全部被反射回来,反射回探头的声能被损耗掉一部分后,剩下的再次反射回气体界面,如此声能在探头和空气界面之间多次往返,形成所谓的多次反射。

(5)人体不同组织回声强度的顺序

人体不同组织回声强度的顺序如下:肾中央区(肾窦)>胰腺>肝、脾实质>肾皮质>肾髓质(肾锥体)>血液>胆汁和尿液。

正常肺(胸膜-肺)、软组织-骨骼界面的回声最强;软骨的回声很低,甚至接近于无回声。

病理组织中,结石、钙化最强;纤维化、纤维平滑肌脂肪瘤次之;典型的淋巴瘤回声最低,甚至接近无回声。

3.腹部超声扫查与超声图像的方位标识方法

(1)被检查者体位

仰卧位、俯卧位、左侧卧位、半卧位。

其他:坐位或立位。

(2)基本断面

①纵向扫查——纵切面(矢状切面),即扫查面与脏器的长轴平行。

②横向扫查——横切面(水平切面),即扫查面与脏器的长轴垂直。

③斜向扫查——斜切面,即扫查面与脏器的长轴成一定角度。

④冠状面扫查——冠状切面(额状切面),即扫查面与脏器的额状面平行。

(3)图像方位的标准

①横断面:仰卧位时,图像左侧示被检查者右侧,图像右侧示被检查者左侧。

②纵断面：仰卧位时,图像左侧示被检查者头侧,图像右侧示被检查者足侧。

③冠状断面：左、右侧冠状断面图像左侧均示被检查者头侧,图像右侧示被检查者足侧。

实训器材

B 型超声诊断仪。

实训内容

（一）实训步骤

1. 开机前检查工作

首先检查电源、探头等相关连线连接是否正确,其中所用探头是根据要检查部位选择的,检查无误后可以开机。

2. 开机后的仪器调节、设置及操作工作

首先在 B 模式下,调节显示器对比度和亮度;选择探头工作频率、发射焦距;调节总增益、各分段增益;调节帧相关、伽马校正。如果显示器声像图正常显示,就可以做超声检查。

3. 做 B 模式肝、胆、肾、脾等脏器不同体位和断面扫查练习,观察其切面声像图变化。如图 6-4、图 6-5、图 6-6、图 6-7 所示。

（1）仰卧位－纵向扫查肝、胆、肾、脾等脏器。

（2）仰卧位－横向扫查肝、胆、肾、脾等脏器。

（3）仰卧位－斜向扫查肝、胆、肾、脾等脏器。

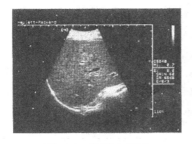

图 6-4　肝脏声像图

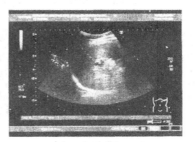

图 6-5　脾脏声像图

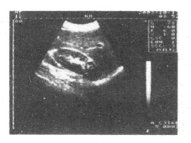

图 6-6　肾脏声像图

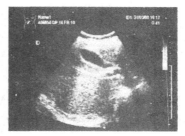

图 6-7　胆道系统声像图

4. 做 B 模式下肾、脾脏器侧卧位扫查练习,观察其脏器切面声像图。

5. 做 B 模式下肝、胆、肾、脾等脏器立位不同断面扫查练习,观察其脏器切面声像图。

6. 做 B/B 模式下肝、胆、肾、脾等脏器不同体位断面扫查练习,观察其脏器切面声像图。

7. 做 B/M 模式下心脏仰卧位不同断面扫查练习,观察其脏器切面声像图。

8. 做 B/M 模式下心脏立位不同断面扫查练习,观察其脏器切面声像图。

9. 各脏器测量功能练习

(1) 距离测量。

(2) 周长 / 面积测量。

(3) 心率、速度测量。

(二) 实训记录

实验名称				
时间		实验小组成员		
班级		姓名		设备号
肝脏正常声像图	肾脏正常声像图	脾脏正常声像图	心脏 M 声像图	
肝脏双帧正常声像图	肾脏双帧正常声像图	脾脏双帧正常声像图	心脏 B/M 声像图	
备注				

 思 考 题

1. 说明在做心脏检查时用 M 模式与 B/M 模式的差异。

2. 简单说明在做脏器检查时用 B 模式与 B/B 模式的差异。

实训三　超声换能器与发射电路在线测试

实训目标

1.知识目标

（1）熟练地进行超声发射电路在线测试。

（2）熟悉和掌握换能器电路、发射电路的原理、实现方法和电路结构工作原理。

2.技能目标

（1）熟练掌握探头二极管开关及其发射脉冲产生电路、探头二极管开关及其控制电路的在线测试过程。

（2）了解超声换能器电路的在线测试过程。

实训相关知识

1.超声诊断示教仪的产品特性

CX-1000 医用 B 型超声诊断示教仪（图 6-8）采用电子扫描方式、多级动态聚焦、可变孔径及数字扫描变换等超声成像技术，完全参照医用标准设计，采用国际先进的超大规模集成电路器件，各项性能指标参数均与医用超声类似。

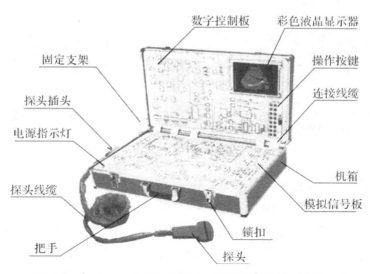

图 6-8　CX-1000 医用 B 型超声诊断示教仪结构示意图

仪器面板采用原理图式、模块化布局设计,信号的处理和信号的流向清晰、直观。在面板上有固定元器件的插管,可插入相应元器件。其优点是:在教学中能够即时更换电参数相近的部件,可在显示器上直接观测到更换部件前后的差异,结合面板上对应的图标及相互连接的电路图,方便学习和实验测试。

2.适用范围

(1)适用于医用 B 超 /M 超的原理教学与实验。

(2)B 型超声诊断仪的操作和使用。

(3)B 型超声诊断仪的设计与维修。

3.技术指标

(1)扫描方式:电子扫描。

(2)探头:3.5 MHz(80 阵元)电子凸阵探头。

(3)显示方式:B、B/B、B/M、M。

(4)显示器:21 cm 液晶彩色显示器。

(5)聚焦方式:全自动接收十七段动态聚焦和声透镜。

(6)动态可变孔径。

(7)图像处理:8 种帧相关处理;8 种伽玛矫正处理;前处理、内插处理。

(8)图像倍率:×1.0,×1.2,×1.5,×2.0。

(9)图像显示:左右、上下图像翻转,伪彩色编码。

(10)体位标记:16 种体标(成人 10 种,胎儿 6 种)。

(11)输入功率:100 W。

(12)电源具有过压、过流和断电保护功能。

4.探头结构

探头结构如图 6-9 所示。

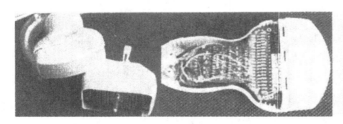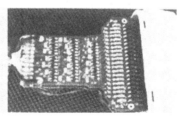

图 6-9 探头外形及内部结构示意图

(1)探头原理结构示意图

探头原理结构示意图如图 6-10、图 6-11 所示。

①电子凸阵超声探头:凸阵探头的结构原理与线阵探头相类似,只是振元排列成凸形(图 6-11)。但相同振元结构凸形探头的视野要比线阵探头大。由于其探查视场为扇形,故对某些声窗较小的脏器的探查比线阵探头更为优越,比如检测骨下脏器,有二氧化

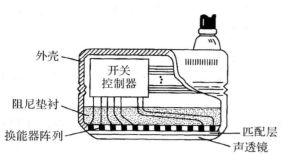

图 6-10　探头原理结构示意图

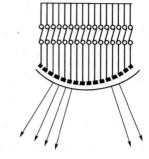

图 6-11　凸形探头的振元排列成凸形

碳和空气障碍的部位更能显现其特点。但凸形探头波束扫描会远程扩散，必须给予线插补，否则线密度低将使影像清晰度变差。

②开关控制器：用于控制探头中各振元按一定组合方式工作，采用开关控制器就可以使探头与主机的连线数减小。

③阻尼垫衬：用于产生阻尼，抑制振铃并消除反射干扰。

④换能器阵列：换能器的晶体振元通常是采用切割法制造工艺，即对一宽约 10 mm，有一定厚度的矩形压电晶体，通过计算机程控顺序开槽。

（2）探头内部所包含的二极管开关电路（图 6-12）

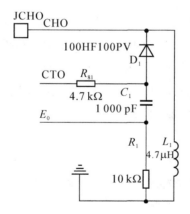

图 6-12　二极管开关电路

探头中有多少个振元，就有多少个二极管开关电路，它由开关二极管 D_1、隔直电容 C_1、匹配电阻 R_1 等组成。

当控制信号 CTO 为 -150 V 时，二极管反偏而截止，无论是发射激励脉冲还是接收回波，均不能通过。

当控制信号 CTO 为 +12 V 时，二极管正偏导通，发射激励脉冲和接收回波均能通过。

5. 发射电路原理

（1）超声波束的扫描方式

本系统采用微角扫描，微角扫描与普通电视所用的扫描方式有些类似，也就是将一幅图像分奇（A）、偶（B）两场进行扫描。微角扫描的奇数场按顺序扫描方式进行,所不同的是要经过相位控制,使扫描束相对中心线有一小的偏角 +a,这样就可得到 N 条偏角为 +a 的扫描线;偶数场也按顺序扫描方式进行,通过相位控制,使扫描束相对于中心线有一微小偏角 -a,同样得到 N 条偏角为 -a 的扫描线。这样两场扫描共得到 2N 条扫描线。波束位移为两个阵元间距的一半。

本系统的凸阵探头在短轴方向采用的是声学聚焦,在长轴方向采用的是电子聚焦,具体地说就是全深度分段动态电子聚焦。

所谓的全深度分段动态电子聚焦就是将探测的深度划分为若干段。如图 6-13 所示分为四段:近场（N）,中场（M）,远场 1（F_1）,远场 2（F_2）。这四个聚焦由聚焦延时时间关系和传播媒介中声速所确定。

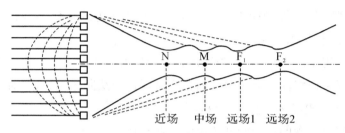

图 6-13　全深度分段动态电子聚焦示意图

工作时按近场（N）、中场（M）、远场 1（F_1）、远场 2（F_2）顺序发射,而将每次与发射对应的回声信号经 A/D 转换后,以数据的形式送往数字板的数据存储器,程序根据每次发射的焦距数据和相应段的回声数据按一定的方式处理后,便可获得一行在不同探测深度均有较高分辨力的合成信息,将其读出并以亮度调制方式显示在一条扫描线上,这就是全深度分段动态电子聚焦的基本原理。

（2）发射脉冲产生电路

聚焦延时电路输出的延时脉冲是逻辑信号,不能直接用来激励探头的阵元使之产生超声振荡,而是要将这一逻辑脉冲转换成一个幅度、宽度、功率等都能满足阵元产生超声振荡的脉冲。本系统是采用发射脉冲产生电路实现的,发射脉冲的幅度和宽度是两个重要指标。

一般而言,幅度大,则超声功率强,而且接收灵敏度也高;脉宽窄,则分辨率高,盲区小,图 6-14 为发射脉冲产生电路。

如图 6-14 所示,TR0 为触发脉冲,为 0 ～ 12 V 的正脉冲,对场效应管（V_{201}）的栅极进行开关控制,即对电容 C_{202} 进行充放电的控制,要分三个阶段说明:

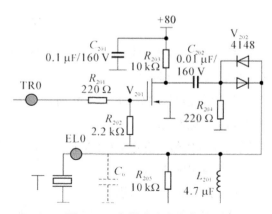

图 6-14　发射脉冲产生电路

①触发脉冲未到来之前——电容 C_{202} 充电：触发脉冲未到来之前是电容 C_{202} 的充电阶段，此时 V_{201} 截止，电容 C_{202} 被充电到接近 +80 V。

②触发脉冲到来时——电容 C_{202} 放电：当触发脉冲到来时，V_{201} 迅速导通，电容 C_{202} 经 V_{201} 的内阻（内阻很小）向阵元 T 放电，C_{202} 上充的 +80 V 电压几乎全部加在阵元上，使之产生超声振荡。

③触发脉冲后沿：触发脉冲后沿结束时，按理想情况，振元应得到如图 6-15（a）所示的波形，但实际情况并非如此。虽然 V_{201} 截止（开关关闭），但由于分布电容 C_0 的存在，C_0 在充电期间所充的电荷不会立刻消失，而是经阵元 T 缓慢放电而导致激励脉冲后沿拖长，如图 6-15（b）所示。

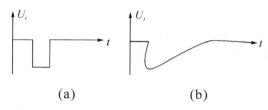

图 6-15　施加在振元上的激励波形

为了缩短激励脉冲后沿拖长时间而在阵元 T 两端并联一电感 L_{201}，虽然关门期间 L_{201} 产生的反电势加速了 C_0 的放电速度，使激励脉冲的后沿变陡，但 L_{201} 与 C_0 构成的振荡回路激起了后沿的衰减振荡，见图 6-16（a）。

为了缩短衰减振荡，可在振元两端并联一适当电阻，以加大阻尼，缩短衰减振荡时间。发射脉冲产生电路最关键的地方是对激励脉冲后沿的处理，即最大可能地减小阻尼振荡的幅度和振荡次数，见图 6-16（b）。

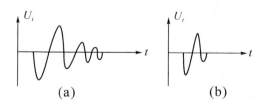

图 6-16　对激励脉冲后沿的处理方法

另外，两个二极管 V_{201} 在发射激励脉冲时，由于正向接法不影响 C_{202} 的充放电，而在接收回波时，由于回波信号幅度在几十微伏的数量级，两个二极管 V_{201} 均在截止状态。由于两个二极管 V_{201} 的隔离作用，故消除了发射电路对接收电路的影响。

（3）探头二极管开关控制电路

如图 6-17 所示，TL0 为数字控制信号，当 TL0 为高电平时，V_{001} 导通，V_{001} 集电极为低电平，V_{002} 基电极为极低电平，V_{002} 导通，V_{002} 集电极为高电平，V_{005} 导通，CT0 为高电平（+12 V）。

当 TL0 为低电平时，V_{001}、V_{002}、V_{005} 都中断，V_{003} 导通，CT0 为低电平（-150 V）。

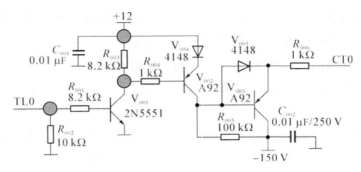

图 6-17　探头发射接收二极管开关控制电路

实训器材

1. CX-1000 型医用 B 型超声诊断示教仪。

2. 60 MHz 以上四通道数字示波器。

3. 万用表。

4. 螺丝刀。

实训内容

（一）实训步骤

1. 探头工作正常检查

首先将探头与超声示教仪实验箱上对应接口进行连接,然后开机,检查探头和键盘是否工作正常。

利用螺丝刀产生图像,先将螺丝刀放在探头前面,通过移动螺丝刀,观察超声声像图的变化。可以改变探头扫描方向,观察其对图像的影响。

2. 探头拆分

（1）观察探头的外形结构。

（2）打开探头,剖析探头结构。

3. 探头正常在线测试

用万用表测量二极管开关控制信号 -150 V/+12 V。

4. 探头异常工作设置

做探头电极连接线断开实验,然后用螺丝刀产生超声声像图像,观察超声声像图像的变化情况。

实验效果可以通过显示器显示的信息察看其变化。

5. 发射脉冲电路在线测试

在进行发射脉冲电路在线测试之前,首先将示波器探头连接好,其中有一路探头必须连接 USOF 信号,作为触发源,在这里我们选择通道 2 作为触发源。其他通道可测量在线测试点所对应的信号波形。

（1）利用示波器测试发射脉冲产生电路所产生的激励脉冲波形,要求分别测试 TX0 点、TX23 点、TR0 点、TR23 点、EL0 点、EL23 点、V_{001} 的集电极（c 极）点、V_{191} 的集电极（c 极）点的信号波形。以上信号的所有测试波形都是用 USOF 来同步的。

①在线测试 TX23、USOF、TX0 的波形。

②在线测试 TR0、USOF、TX0 的波形,参考信号波形见图 6-18。

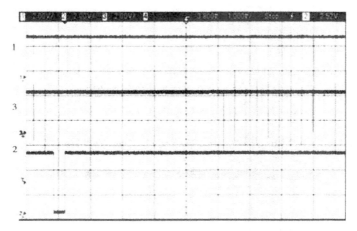

图 6-18　示波器通道连接测试点波形

③在线测试 TR23、USOF、TX23 的波形。

TR23 是 TX23 经过 SN75374 的信号,用于打开高压 MOS 管,产生高压触发脉冲,测试见图 6-19。

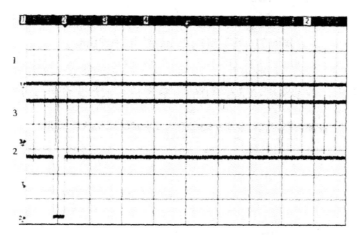

图 6-19　示波器各通道连接测试点的波形
1. R23; 2. USOF; 3. TX23

④在线测试 TR0、USOF、TX23 的波形,参考信号波形见图 6-20。

用示波器测试 TR0 和 TX23,图 6-20 显示 TR0 和 TX23 的关系,从图中可以看出,TR0 峰值接近 10 V。能打开 MOS 管 TN0620。

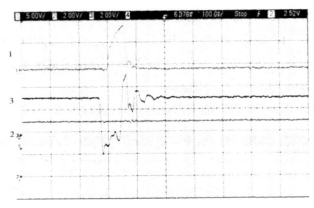

图 6-20 示波器各通道连接测试点的波形
1. TR0；2. USOF；3. TX23

⑤在线测试 TR23、USOF、TX0 的波形，参考信号波形见图 6-21。

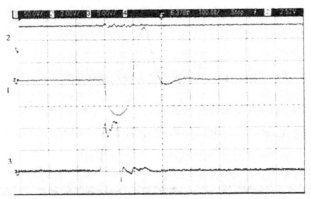

图 6-21 示波器各通道连接测试点的波形
1. TR23；2. USOF；3. TX0

⑥在线测试 EL23 、USOF、TR23 的波形，参考信号波形见图 6-22。

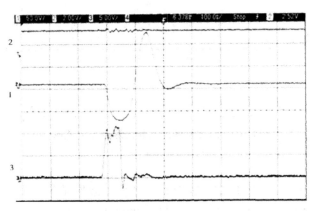

图 6-22 示波器各通道连接测试点的波形
1. EL23；2. USOF；3. TR23

（2）探头二极管开关及其控制电路,要求测试 TL0、TL19 信号的波形。

①在线测试 TL19、USOF、TL0 的波形。

②在线测试 TL0-TL19 经过高压变换的触发脉冲波形,V_{001} 的集电极（c 极）、USOF、TL0 触发脉冲的波形。

③学生自行在线测试 V_{191} 的集电极（c 极）、USOF、TL19 触发脉冲的波形。

（3）用万用表测量 +80 V、+12 V、−150 V。

（二）实训记录

实验名称				
时间		实验小组成员		
班级		姓名		设备号
TX0 在线测试波形	TX23 在线测试波形	TL0 在线测试波形	TL19 在线测试波形
探头晶片检测正常声像图			
备注			

 思 考 题

1. 为什么使用螺丝刀产生图像而不是用其他工具或人体来观察超声声像图变化,判断探头是否有问题?

2. 分析发射脉冲产生电路,用示波器在线测试 USOF 信号、TX0（TX23）信号、EL0（EL23）信号,对所测信号进行波形对比分析。

3. 分析探头二极管开关及其控制电路,用示波器在线测试 USOF 信号、TL0（TL19）信号、V_{001}（V_{191}）信号,对所测信号进行波形对比分析。

实训四　接收电路信号合成部分在线测试

实训目标

1.知识目标

（1）熟练进行超声接收电路信号合成部分的在线测试。

（2）熟练掌握超声信号合成电路的原理和实现方法。

2.技能目标

（1）熟练掌握前置放大器、可变孔径电路的测试方法。

（2）熟练掌握相位调整电路的在线测试过程和方法。

实训相关知识

以下内容主要是针对 CX-1000 医用 B 型超声诊断示教仪模拟板接收信号合成部分电路模块原理分析作介绍，电路原理图见示教仪实验箱模拟板所画示意图。

1.前置放大器模块电路分析

（1）来自探头阵元的信号都十分微弱，其回波幅度通常在 $10 \sim 30\ \mu V_{p\text{-}p}$ 范围内。因此对前置放大器的要求是灵敏度高，同时要求外部干扰小，内部噪声低，也就是说，在做到低噪声和外部干扰小的前提下，尽可能提高放大器的增益。因为灵敏度越高，意味着探测微小病灶的能力越强，也就意味着探测深度越深。

（2）由于所接收的回波是矩形脉冲所调制的超声振荡，占据频带宽，所以要求接收放大器要有足够的带宽，否则容易产生波形失真，从而导致分辨率下降。本系统采用厚膜电路模块，N201 前置放大器的放大倍数为 10 倍左右，如图 6-23 所示。

2.信号对称合成模块电路分析

（1）接收多路转换开关（对称合成信号多路开关）　由 D401 到 D403（MT8816：矩阵开关）、D404（74LS245：双向三态数据缓冲器）组成，共 12 路；将 24 路信号合成 12 路。

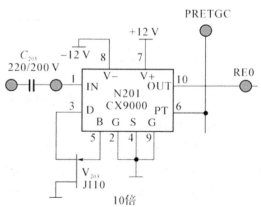

图 6-23　前置放大电路

（2）矩阵开关 MT8816 芯片　由于采用多阵元组合发射与接收,每次发射和接收的振元只是整个阵列中的一部分。为了减少发射和接收电路的数目,通常采用二极管开关控制,本系统采用的是矩阵开关 MT8816,共用三片,分别是 D401、D402、D403,如图 6-24 所示。

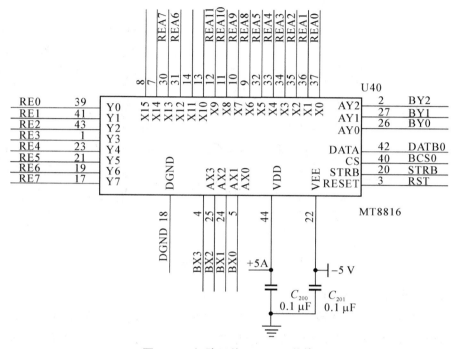

图 6-24　矩阵开关 MT8816 芯片

AY2 ～ AY0 是端口 Y7 ～ Y0 的地址,AX3 ～ AX0 是端口 X0 ～ X15 的地址,DBT0-DBT2 分别是三片的数据,当为 H 时对应 X 和 Y 的开关导通。有关详细操作见 MT8816 手册。

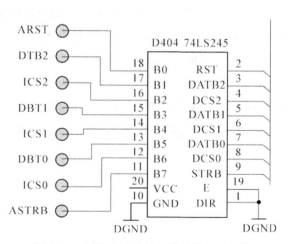

图 6-25　对称合成信号多路转换开关电路

（3）双向三态数据缓冲器 74LS245　D404（74LS245）的管脚（如图 6-25）输出控制信号:ARST 是复位信号,数据位高时 MT8816 内的所有开关断开。ICS0 是第一片的片选信号,数据位高时可对本片操作。ASTRB 是触发信号,在其下降沿时数据位高,则对应地址的开关导通,数据位低时对应地址的开关断开。

3.可变孔径模块电路分析

采用多振元组合发射,虽然实现了动

态电子聚焦,但接收就会带来换能器有效孔径增大的问题,孔径增大意味着近场分辨率降低。因此采用可变孔径接收,近场用小孔径,中远场用较大孔径,这样既保证了近场分辨率不会降低,又照顾到中远场的指标。图 6-26 是其中一路,其主要是通过控制二极管 V_{582}（1SS16）的通断来实现接收孔径的大小变化,从而实现接收聚焦焦点的变化,提高分辨率。

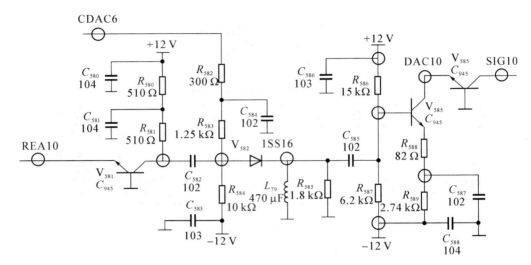

图 6-26 可变孔径及控制电路

4. 相位调整模块电路分析

（1）相位调整原理 接收多路转换开关已将 24 路回波对称合成 12 路信号,但这 12 路还存在相差,以 F11 为基准（相关为 0）相差依次增大。要实现同向合成必须以 F0 为基准,根据先到达等后来的原则进行调整,主要芯片为 5 片 MT8816（D501～D505）和两片延时芯片 DEL2001（D601,D602）。

（2）相位调整电路 相位调整电路（延时聚焦电路）的 ICS、AX0～AX3、AY0～AY3、ISTRB、IRST 是接收动态聚焦模拟开关电路的控制信号,共有 5 片 MT8816 模拟开关,它们是五片共用的。DAT0、DAT1、DAT2、DAT3、DAT4 分别是五片 MT8816 中一片的控制数据线,根据接收焦点的变化,改变 DAT0～DAT4,来改变模拟开关的状态,也就是改变了动态聚焦中接收信号接模拟延时线的延抽头,达到动态聚焦的目的。

TP1 是第一块模拟延时线的输出,由于模拟延时线是无源的,对输入信号有衰减,所以在输入到第二片模拟延时线前需对其放大,TP2 是这级放大器的输出,直接连到下面的模拟延时线。TP3 是两块模拟延时线的最后输出,也就是接收聚焦后的合成信号,至此接收聚焦过程结束。

≥ 实训器材 ◄

1. CX-1000 医用 B 型超声诊断示教仪。

2. 60 MHz 以上四通道数字示波器。

3. 万用表。

4. 螺丝刀。

实训内容

（一）实训步骤

1. 首先将 CX-1000 超声示教仪开机，将示教仪调试到正常工作状态，利用螺丝刀产生图像，观看显示器显示图像是否正常，如果一切正常，开始做超声接收电路前置放大到相位调整电路之间的信号在线测试，观察利用示波器测试示教仪给出的所有在线测试点的正常波形。

2. 利用示波器测试在 USOF 为同步信号下，对比测试前置放大器 RE0、EL0、RE23、EL23 信号波形。

（1）用示波器测试 EL23 和 RE23，图 6-27 中，1 通道是 RE23，2 通道 USOF 是同步信号，3 通道是 EL23，RE23 是回波放大后去模拟开关前的信号。

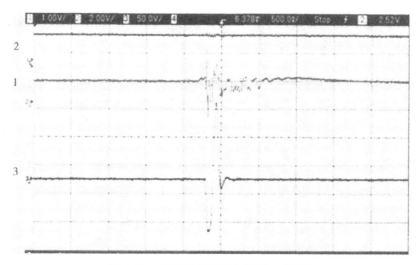

图 6-27　示波器各通道连接测试点波形

1. RE23；2. USOF；3. EL23

（2）学生可以自己用示波器测试 EL0 和 RE0 信号。

（3）对由三片 MT8816（D401、D402、D403）组成的对称合成信号多路转换开关电路，进行控制信号测试。

①用示波器分别测试 D401 芯片控制信号，即 D404（74LS245）管脚的 ICS0、ASTRB、ARST 控制信号，如图 6-28 所示。

②用示波器分别测试 D404（74LS245）管脚的 ICS1、ASTRB、ARST 控制信号，见图 6-28 所示，USOF 是同步扫描信号。通道 1 是 ICS1，通道 2 是 USOF，通道 3 是 ASTRB，通道 4 是 ARST。

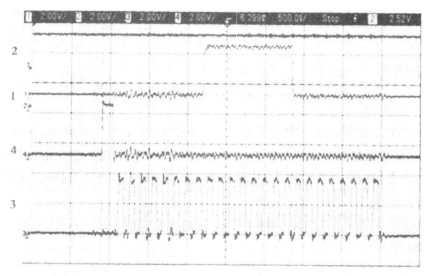

图 6-28 示波器各通道连接测试点波形

1. ICS1；2. USOF；3. ASTRB；4. ARST

③用示波器分别测试 D404（74LS245）管脚的 ICS2、ASTRB、ARST 控制信号，见图 6-29，USOF 是同步扫描信号。

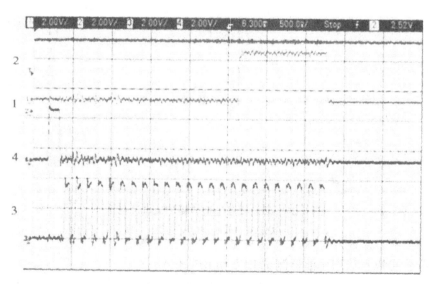

图 6-29 示波器各通道连接测试点波形

1. ICS2；2. USOF；3. ASTRB；4. ARST

④用示波器分别测试 D401～D403（MT8816）的输入信号 ATY0、D404（74LS245）管脚的 ASTRB、ARST 控制信号，见图 6-30，USOF 是同步扫描信号。

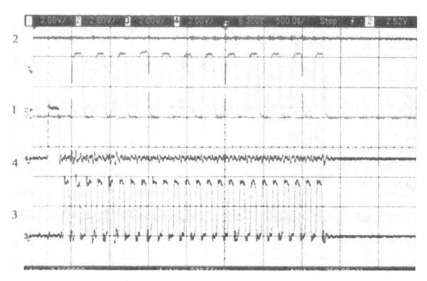

图 6-30　示波器各通道连接测试点波形
1. ATY0；2. USOF；3. ASTRB；4. ARST

⑤用示波器分别测试 D401 ～ D403（MT8816）的输入信号 ATY1、D404（74LS245）管脚的 ASTRB、ARST 控制信号。

⑥用示波器分别测试 D401 ～ D403（MT8816）的输入信号 ATY2、D404（74LS245）管脚的 ASTRB、ARST 控制信号。

⑦用示波器分别测试 D401 ～ D403（MT8816）的输入信号 ATX0、D404（74LS245）管脚的 ASTRB、ARST 控制信号，见图 6-31，USOF 是同步扫描信号。

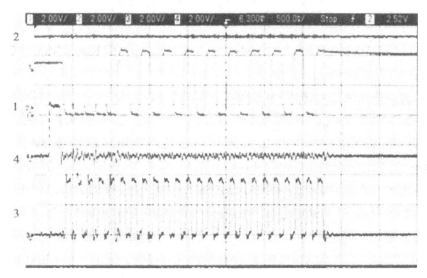

图 6-31　示波器各通道连接测试点波形
1. ATX0；2. USOF；3. ASTRB；4. ARST

⑧用示波器分别测试 D401 ～ D403（MT8816）的输入信号 ATX1、D404（74LS245）管脚的 ASTRB、ARST 控制信号。

⑨用示波器分别测试 D401 ～ D403（MT8816）的输入信号 ATX2、D404（74LS245）管脚的 ASTRB、ARST 控制信号。

⑩用示波器分别测试 D401 ～ D403（MT8816）的输入信号 ATX3、D404（74LS245）管脚的 ASTRB、ARST 控制信号。

⑪用示波器分别测试 D404（74LS245）管脚的 DBT0 、ASTRB、ARST 控制信号，见图 6-32，USOF 是同步扫描信号。

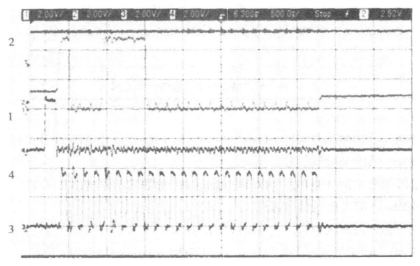

图 6-32　示波器各通道连接测试点波形
1. DBT0；2. USOF；3. ASTRB；4. ARST

⑫用示波器分别测试 D404（74LS245）管脚的 DBT1 、ASTRB、ARST 控制信号，见图 6-33，USOF 是同步扫描信号。

⑬用示波器分别测试 D404（74LS245）管脚的 DBT2 、ASTRB、ARST 控制信号。

⑭ REA0，REA10 是前级放大器放大后经模拟开关对折后的两路信号，有 RE0 ～ REA10 共 11 路信号，REA0、REA10 只是其中的两路。用示波器分别测试 D401 ～ D403（MT8816）的输入信号 REA0、D404（74LS245）管脚的 ARST 控制信号，见图 6-33。

⑮用示波器分别测试 D401 ～ D403（MT8816）的输入信号 REA10、D404（74LS245）管脚的 ARST 控制信号，USOF 是同步扫描信号，USRE 是 D904（8253：它是在单片机系统中常用的定时 / 计数器接口芯片）的输出信号。USRE 是发射接收一次超声扫描定时信号，高电平有效，每条完整的扫描线要有两次发射接收。通道 1 是 REA10，通道 2 是 USOF，通道 3 是 USRE，通道 4 是 ARST。

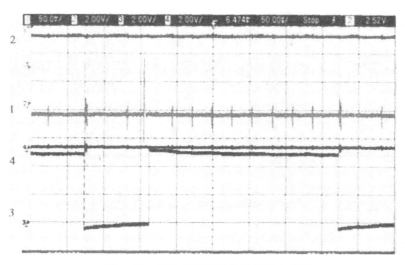

图 6-33　示波器各通道连接测试点波形
1. REA0；2. USOF；3. USRE；4. ARST

（4）测试经过固定孔径控制电路信号处理的变化过程如 REA0；测试可变孔径控制电路信号处理的变化过程如 REA10。

实验的第一步骤到第四步骤是对可变孔径 1 通道 REA0 经过固定孔径控制电路信号处理的变化过程。这一输出接后面的模拟开关，即去模拟延时线动态聚焦电路。

实验第六步骤到第十步骤是对可变孔径 10 通道 REA10 经过可变孔径控制电路信号处理的变化过程。这一输出接后面的模拟开关，即去模拟延时线动态聚焦电路。

①首先用示波器的 1 通道测 V_{481} 的集电极（c 极），2 通道测 USOF，3 通道测 USRE，4 通道测 ARST。

②用示波器测电容 C_{483} 的右端、USOF、USRE、ARST 的波形，见图 6-34。

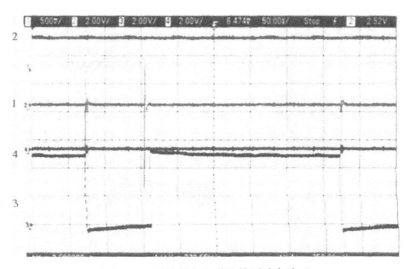

图 6-34　示波器各通道连接测试点波形
1. 电容 C_{483} 的右端；2. USOF；3. USRE；4. ARST

③用示波器测电阻 R_{484} 的下端、USOF、USRE、ARST 的波形，见图 6-35。

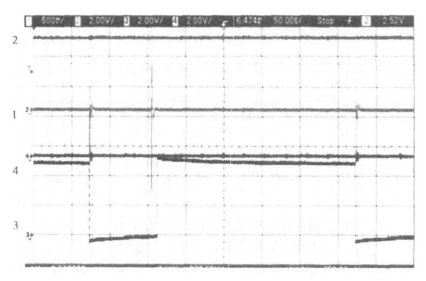

图 6-35　示波器各通道连接测试点波形
1. 电阻 R_{484} 的下端；2. USOF；3. USRE；4. ARST

④用示波器测电阻 R_{486} 的下端、USOF、USRE、ARST 的波形，见图 6-36。

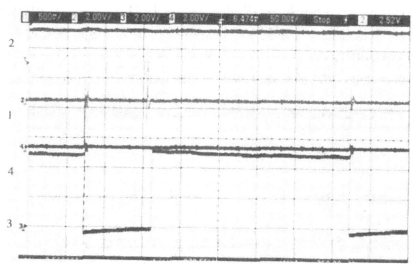

图 6-36　示波器各通道连接测试点波形
1. 电阻 R_{486} 的下端；2. USOF；3. USRE；4. ARST

⑤用示波器的四通道分别测 V_{581} 的集电极（c 极）、USOF、USRE、ARST 的波形，见图 6-37。

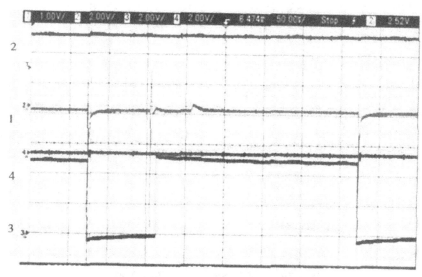

图 6-37　示波器各通道连接测试点波形
1. V_{581} 的集电极（c 极）; 2. USOF; 3. USRE; 4. ARST

⑥用示波器的四通道分别测 V_{582} 的左端、USOF、USRE、ARST 的波形，见图 6-38。

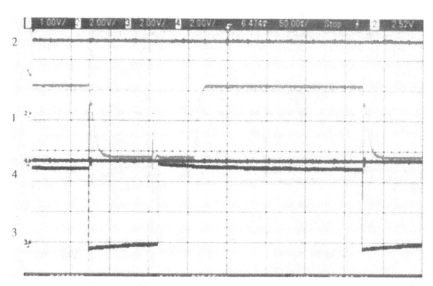

图 6-38　示波器各通道连接测试点波形
1. V_{582} 的左端; 2. USOF; 3. USRE; 4. ARST

常用医疗器械设备原理与维护实训

⑦用示波器的四通道分别测 V_{582} 的右端、USOF、USRE、ARST 的波形,见图 6-39。

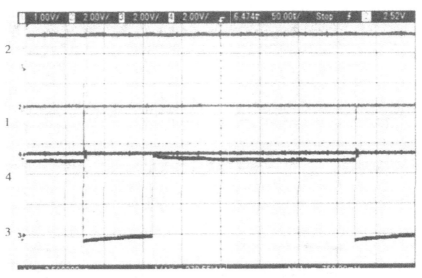

图 6-39　示波器各通道连接测试点波形
1. V_{582} 的右端；2. USOF；3. USRE；4. ARST

⑧用示波器的四通道分别测 R_{586} 的下端、USOF、USRE、ARST 的波形,见图 6-40。

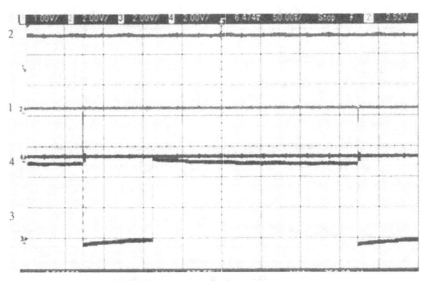

图 6-40　示波器各通道连接测试点波形
1. R_{586} 的下端；2. USOF；3. USRE；4. ARST

⑨用示波器的四通道分别测 R_{588} 的下端、USOF、USRE、ARST 的波形,见图 6-41。

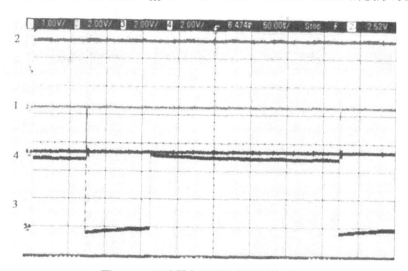

图 6-41 示波器各通道连接测试点波形
1. R_{588} 的下端; 2. USOF; 3. USRE; 4. ARST

⑩用示波器的四通道分别测 V_{585} 的集电极(c 极)、USOF、USRE、ARST。

(5)测试接收动态聚焦模拟开关(5 片 MT8816)电路的控制信号 ICS、AX0-AX3、AY0-AY3、ISTRB,其中 DAT0、DAT1、DAT2、DAT3、DAT4 分别是五片 MT8816 中一片的控制数据线,根据接收焦点的变化,改变 DAT0 ~ DAT4,从而改变模拟开关的状态,也就是改变了动态聚焦中接收信号接模拟延时线的延抽头,达到动态聚焦的目的。

①首先用示波器检测控制 MT8816 模拟开关的 ICS、ISTRB、IRST 控制信号。

②用示波器检测控制 MT8816 模拟开关的 AX0、ISTRB、IRST 控制信号,如图 6-42 所示。

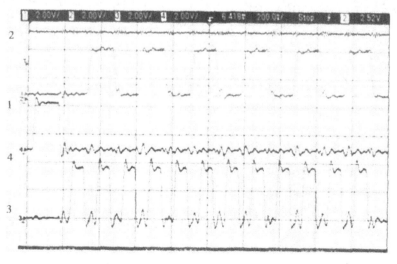

图 6-42 示波器各通道连接测试点波形
1. AX0; 2. USOF; 3. ISTRB; 4. IRST

③用示波器检测控制 MT8816 模拟开关的 AX1、ISTRB、IRST 控制信号,如图 6-43 所示。

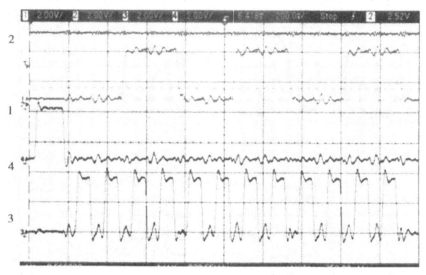

图 6-43　示波器各通道连接测试点波形
1. AX1; 2. USOF; 3. ISTRB; 4. IRST

④用示波器检测控制 MT8816 模拟开关的 AX2、ISTRB、IRST 控制信号。

⑤用示波器检测控制 MT8816 模拟开关的 AX3、ISTRB、IRST 控制信号。

⑥用示波器检测控制 MT8816 模拟开关的 DAT0(第一片 MT8816 中的控制数据线)、ISTRB、IRST 控制信号,如图 6-44 所示。

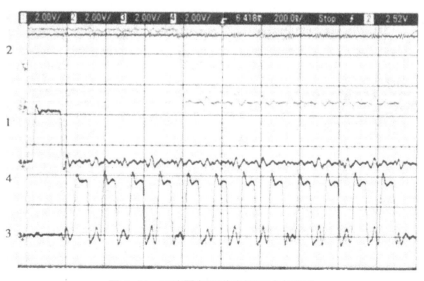

图 6-44　示波器各通道连接测试点波形
1. DAT0; 2. USOF; 3. ISTRB; 4. IRST

⑦用示波器检测控制 MT8816 模拟开关的 DAT1（第二片 MT8816 中的控制数据线）、ISTRB、IRST 控制信号，如图 6-45 所示。

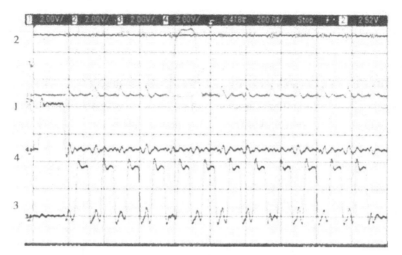

图 6-45　示波器各通道连接测试点波形
1. DAT1；2. USOF；3. ISTRB；4. IRST

⑧用示波器检测控制 MT8816 模拟开关的 DAT2（第三片 MT8816 中的控制数据线）、ISTRB、IRST 控制信号。

⑨用示波器检测控制 MT8816 模拟开关的 DAT3（第四片 MT8816 中的控制数据线）、ISTRB、IRST 控制信号。

⑩用示波器检测控制 MT8816 模拟开关的 DAT4（第五片 MT8816 中的控制数据线）、ISTRB、IRST 控制信号。

⑪用示波器检测控制 MT8816 模拟开关的 AY0、ISTRB、IRST 控制信号，如图 6-46 所示。

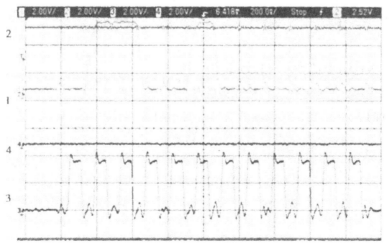

图 6-46　示波器各通道连接测试点波形
1. AY0；2. USOF；3. ISTRB；4. IRST

209

⑫用示波器检测控制 MT8816 模拟开关的 AY1、USOF、ISTRB、IRST 控制信号。

⑬用示波器检测控制 MT8816 模拟开关的 AY2、USOF、ISTRB、IRST 控制信号。

（二）实训记录

实验名称			
时间		实验小组成员	
班级	姓名	设备号	
RE0（RE23）在线测试波形	ICS0（ICS1、ICS2）在线测试波形	ATY0（ATY1、ATY2）在线测试波形	ATX0（ATX 1、ATX 2）在线测试波形
USRE 在线测试波形	USOF 在线测试波形	IRST 在线测试波形	ISTRB 在线测试波形
备注			

 思 考 题

1. 为什么 REA0 是固定孔径控制电路信号？

2. 为什么 REA10 是可变孔径控制电路信号？

3. 说明 TP1、TP2、TP3 三点输出信号有何不同。

实训五 DSC、单片机和键盘在线测试

实训目标

1. 知识目标

（1）熟练地进行 DSC 和单片机电路在线测试。

（2）熟悉和掌握 DSC 和单片机电路的原理、实现方法和电路结构。

2. 技能目标

（1）熟练掌握 DSC 产生电路、单片机控制电路的在线测试过程。

（2）了解键盘在线测试技术。

实训相关知识

1. CX-1000 示教仪的数字板控制模块原理框图如图 6-47 所示。

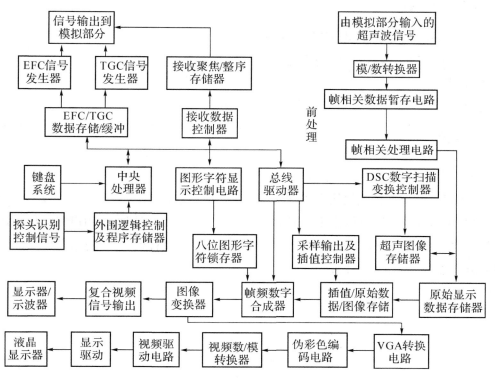

图 6-47 数字板控制模块原理框图

2. 数字板主要控制信号

USOF：测试超声扫描定时信号、超声的发射和接收控制信号。

ECHO：模拟板的回波信号。

SACK：回波采样信号。

UDA1 ～ UDA6：采样数据线 D1 ～ D6 的 6 位数据信号线。

ADCWT 信号：这是控制接收存储的信号，当其为高时控制逻辑电路把接收到的回波采样数据写入存储器中，实现对接收数据的分段存储，避开在聚焦时模拟开关的干扰，分两次存储一条完整的扫描线。

3. 键盘结构

键盘电路以 CPU89C52 为中心，通过三个接口线：增益控制调节接口、轨迹球接口、其他按键控制键接口线。键盘与主机之间有连接接口，通过接口实现键盘各种控制键对仪器一些参数和功能的控制，如图 6-48 所示。

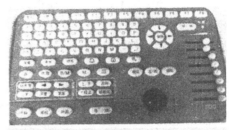

图 6-48　键盘外形与内部电路布线示意图

 实训器材

1. CX-1000 医用 B 型超声诊断示教仪。

2. 60 MHz 以上四通道数字示波器。

3. 万用表。

4. 螺丝刀。

实训内容

（一）实训步骤

1. DSC 扫描转换控制模块在线测试

（1）用示波器 1 通道传输超声帧定时信号，一个 USOF 周期表示超声图像从左到右扫描完一幅；2 通道是模拟板的回波信号；3 通道是回波采样信号；4 通道是采样数据线中的 D1 位数据线，如图 6-49 所示。

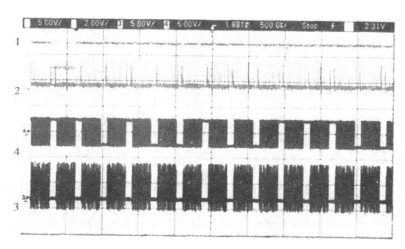

图 6-49 示波器各通道连接测试点波形
1. USOF；2. ECHO；3. SACK；4. UDA1

（2）用示波器 1 通道传输超声帧定时信号，一个 USOF 周期表示超声图像从左到右扫描完一幅；2 通道是模拟板的回波信号；3 通道是回波采样信号；4 通道是采样数据线中的 D6 位数据线，如图 6-50 所示。

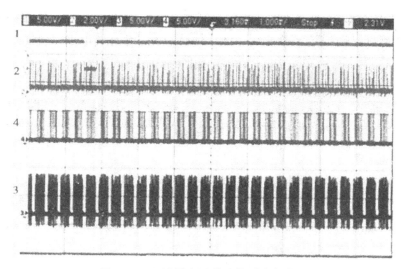

图 6-50 示波器各通道连接测试点波形
1. USOF；2. ECHO；3. SACK；4. UDA6

（3）改变示波器的扫描时间，由 1 ms ～ 10 μs，测试 ECHO、SACK、UDA6 的放大状态。

（4）用示波器 1 通道传输超声帧定时信号，一个 USOF 周期表示超声图像从左到右扫描完一幅；2 通道是模拟板的回波信号；3 通道是回波采样信号；4 通道是 ADCWT 信号，这是控制接收存储的信号，当为高时控制逻辑电路把接收到的回波采样数据写入存储器中，实现对接收数据的分段存储，避开在聚焦时模拟开关的干扰，分两次存储一条完整的扫描线，如图 6-51 所示。

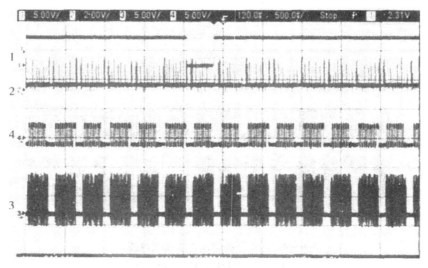

图 6-51 示波器各通道连接测试点波形
1. USOF；2. ECHO；3. SACK；4. ADCWT

（5）改变示波器的扫描时间，由 500 μs ～ 100 μs，测试 ECHO、SACK、ADCWT 的放大状态。

（6）示波器 2、3、4 通道通过帧相关控制逻辑电平，本机共有 8 种帧相关系数，三条控制线，图中测试时帧相关系数为 0，FM2、FM1、FM0 都为低电平，当将帧的相关系数调到 8 时，FM2、FM1、FM0 就都为高电平，如图 6-52 所示。

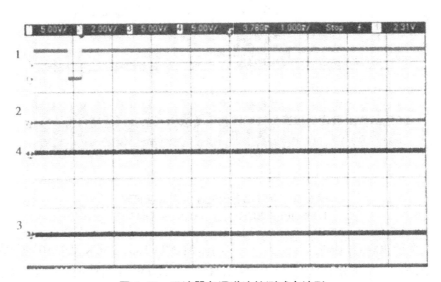

图 6-52 示波器各通道连接测试点波形
1. USOF；2. FM0；3. FM1；4. FM2

（7）示波器 2 通道用来读帧相关数据的时钟，上升沿有效；3 是采样时钟；4 表示利用帧相关电路计算后的数据要写入存储器的控制信号，低电平有效。

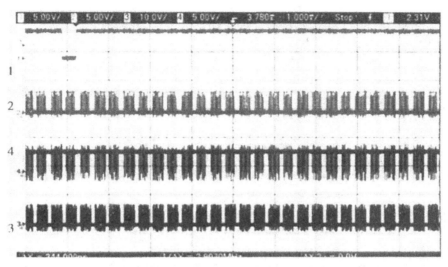

图 6-53　示波器各通道连接测试点波形
1. USOF；2. FRCK；3. SACK；4. UDEN

（8）改变示波器的扫描时间，由 1 ms ～ 200 ns，如图 6-54 所示，它是图 6-53 的放大状态。从图中可看出，3 通道采样开始有效，采样数据进入计算电路，经过一段时间（约 200 ns），FRCK 有效，再经过一段时间计算，UDEN 有效，打开数据，再用写逻辑的方式把数据写入存储器。

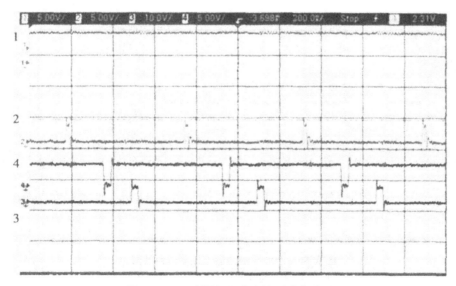

图 6-54　示波器各通道连接测试点波形
1. USOF；2. FRCK；3. SACK；4. UDEN

（9）示波器 1 通道是 USOF，2 通道是发射接收一次超声扫描定时信号，高电平有效，每条完整的扫描线要有两次发射接收。3 通道是 USOE，把两次的 USRE 分为奇、偶次发射接收，4 通道是一次发射分段接收的控制信号，高电平有效。

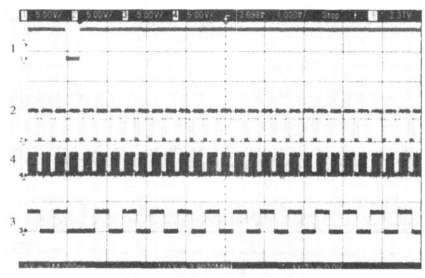

图6-55 示波器各通道连接测试点波形
1. USOF；2. USRE；3. USOE；4. ADCWT

（10）改变示波器的扫描时间，由 1 ms ～ 100 μs，如图 6-56，它是图 6-55 的放大图，从图中可看出，USOE 高低时，ADCWT 不一样主要是为了分段接收。

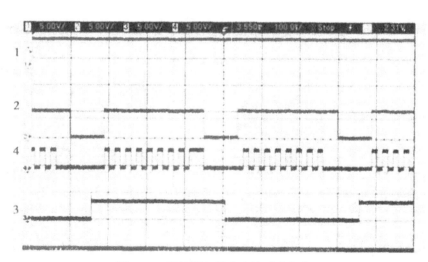

图6-56 示波器各通道连接测试点波形
1. USOF；2. USRE；3. USOE；4. ADCWT

（11）示波器 3、4 通道是两路发射信号，为低时控制高压开关导通，产生高压发射脉冲。

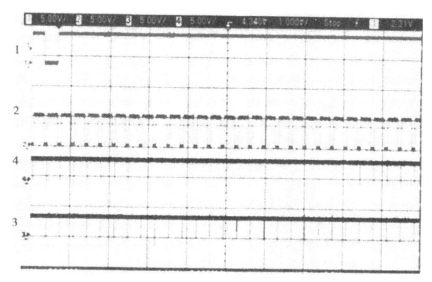

图 6-57　示波器各通道连接测试点波形
1. USOF；2. USRE；3. TX11；4. TX1

（12）改变示波器扫描时间，图 6-58 是图 6-57 的放大图，可看出 TX11、TX1 有延时，即发射聚焦延时。

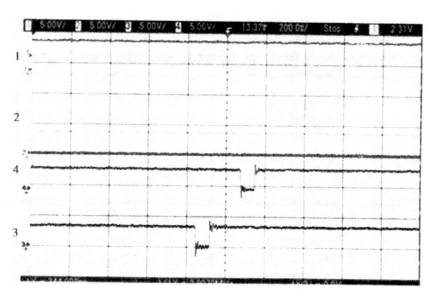

图 6-58　示波器各通道连接测试点波形
1. USOF；2. USRE；3. TX11；4. TX1

（13）示波器 4 通道是 RXCS，它接收整序的片选信号，用于控制 MT8816，把接收的 24 路信号合成为 12 路。

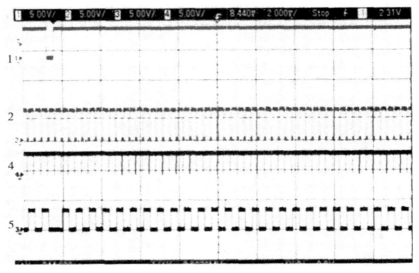

图 6-59　示波器各通道连接测试点波形
1. USOF；2. USRE；3. USOE；4. RXCS

（14）改变示波器的扫描时间，由 2 ms ～ 20 μs，测量其 USR、USOE、RXCS 的放大图。

（15）说明数字板上 GAIN、EFC、TGC 的波形及电压大小。

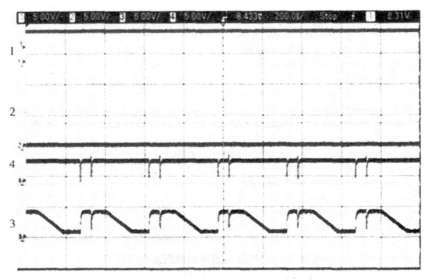

图 6-60　示波器各通道连接测试点波形
1. USOF；2. GAIN；3. EFC；4. TGC

（16）通道 2 的 PADL 信号是线阵 / 凸阵探头选择，PADL=0 时是凸阵探头，为 1 时是线阵探头。DPH1、DPH0 是深度选择控制，共有 4 种深度可选。

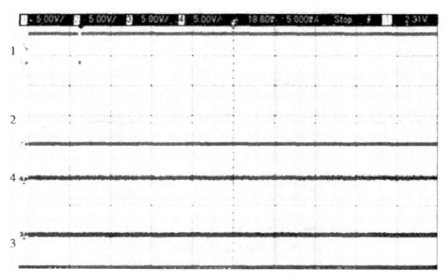

图 6-61　示波器各通道连接测试点波形
1. USOF；2. PADL；3. DPH1；4. DPH0

2. 视频处理模块在线测试

主要测试视频时序的控制信号及测试显示存储器的控制信号。

（1）示波器 1 通道复合同步信号，作为 PAL 视频输出的复合同步；2 通道是行显示控制，高时行有效，由于显示的扇形区宽度在变化，这个信号的高电平在不同的行也在变；3 通道是视频输出的时钟；4 通道是视频输出信号。

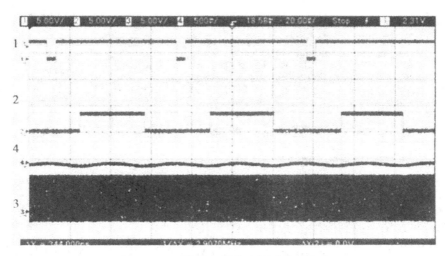

图 6-62　示波器各通道连接测试点波形
1. CSYNC；2. HMHEN；3. F004；4. VIDEO

（2）示波器 1 通道是 VGA 输出的场同步信号，2 通道是行同步信号。3 通道和 4 通道是两路视频输出。

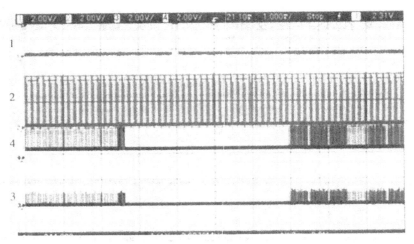

图 6-63　示波器各通道连接测试点波形
1. VSYN；2. HSYN；3. ROUT；4. GOUT

（3）改变示波器扫描时间，由 1 ms ～ 10 ms，观察 HSYN、ROUT、GOUT 波形的变化。

（4）示波器 1 通道是 VGA 输出的场同步信号，2 通道是行同步信号，3 通道是输出时钟，4 通道是 1 路视频输出。

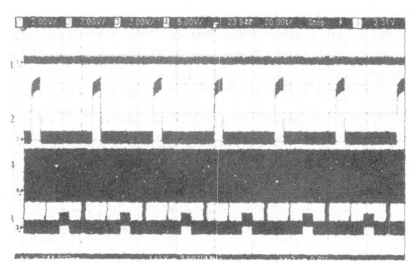

图 6-64　示波器各通道连接测试点波形
1. VSYN；2. HSYN；3. F002；4. BOUT

3. 单片机及图形控制信号在线测试

检测单片机（8031）输出的 ALE、RD、WR、AD1、RXD 、TXD、CCLK、HADA、HDAB 控制信号。检测图形字符控制器 D920（XC95144）输出的 GWE、GOE 控制信号。外围逻辑控制及程序存储器 D902（PSD813）输出的 ARTGC、AR53A、AR87 控制信号。

单片机输出的控制信号与单片机不同的状态有关,每次测出的信号可能不完全一样,它们是有变化的。

4.键盘检查

在 B、B/B、B/M、M 模式下使用键盘上各个控制键,通过屏幕信息观察其是否正常工作。

（1）观察键盘按键分布与功能关系。

（2）打开键盘了解其内部结构组成。

（3）键盘正常在线测试:用万用表测量增益接口线、轨迹球接口线、键盘控制键接口线各点工作电压。

（4）键盘异常工作设置:将键盘与超声示教仪接口连接,学生可以做键盘连接线断开实验,然后观察显示器超声声像图像变化情况。学生在实验过程中可以分别做以下实验:

①断开增益接口线。

②断开轨迹球接口线。

③断开键盘控制键接口线。

实验效果可以通过显示器的显示信息察看其变化。

（二）实训记录

实验名称						
时间			实验小组成员			
班级		姓名			设备号	
VSYN 在线测试波形		HSYN 在线测试波形		ALE 在线测试波形		ADCWT 在线测试波形
ROUT 在线测试波形		F002 在线测试波形		GWE 在线测试波形		GOE 在线测试波形
轨迹球接口断开对测量的影响		键盘功能正常声像图		增益接口断开对声像图的影响		
备注						

思 考 题

1. 了解和掌握超声扫描定时信号、发射和接收等控制信号之间的关系。

2. 说明下列信号功能：VSYN、HSYN、F002、BOUT、ROUT、GOUT 、CSYNC、HMHEN、F004、VIDEO。

3. 说明单片机（8031）输出的控制信号 ALE、RD、WR、AD1、RXD 、TXD、CCLK、HADA、HDAB 的作用。

4. 说明图形字符控制器 D920（XC95144）控制信号 GWE、GOE 的作用。

实训六　B型超声诊断仪模拟板的检测与故障排除

实训目标

1.知识目标

（1）熟练地进行 B 型超声诊断仪模拟板一般故障的检测与维护。

（2）熟悉和掌握模拟板超声电路的结构及工作原理。

2.技能目标

（1）熟练掌握模拟板超声电路故障检测与排除的在线测试过程。

（2）培养学生分析和解决问题的能力。

实训相关知识

1.一般常用的故障检查方法

（1）电阻测量法：通过测量电路节点的电阻值，然后与正常值（或根据电路分析得出的电阻值范围）比较判断电路是否正常。

（2）电流测量法：通过测量电路节点的电流值是否与正常的电流值范围相符来判断单元电路正常与否。

（3）电压测量法：通过测量一些特征电路的电压值来判断电路是否正常，电压测量法因其方便直观、简单易行而广受欢迎，成为电子设备维修行业中最常用的方法。

（4）波形测量法：通过观察特征电路的波形，将其与正常值比较来判断故障。采用此法时要注意 B 超在不同工作模式下的波形不一样，在进行比较时一定要使用同一工作模式。

（5）元件代换法：此方法也常常被采用，当怀疑某一元件有故障时，用一好的元件代换后再试机，也能节省很多时间，特别是当被怀疑元件是电容或带插座的集成块时，因电容的一些参数（如损耗角等）不易测量、集成块测量起来麻烦且易造成短路，所以采用代换法非常有效。

（6）信号追踪法：采用分割电路追踪信号来分析故障的方法，能快速大致确定故障部位。

2.接收电路模拟板信号处理关键芯片介绍

在接收电路信号处理中，主要有以下几个模块信号：

前置放大器：由 N201～N431（CX9000）组成，共 24 路；接收超声回波信号。

接收多路转换开关（对称合成信号多路开关）：由 D401～D403（MT8816：矩阵开关）、D404（74LS245：双向三态数据缓冲器）组成，共 12 路；将 24 路信号合成 12 路。

可变孔径控制电路：有 12 路，这里以其中一路说明，REA10 到 SIG10 之间，通过控制二极管 V_{582}（ISS16）通断来实现接收孔径的大小变化，从而实现接收聚焦焦点的变化，提高分辨力。

相位调整：由整序合成信号多路开关（D501～D505：5 个 MT8816）和整序延时聚焦信号合成电路（D601-D602：2 个 DEL2001）组成，实现 12 路合成一路。

预放大电路：对合成信号进行适当放大（V_{661}、V_{662}）（R_{666} 为设置故障点，正常为 51 Ω）。

动态滤波放大电路：由电容 C_{680} 和变容二极管 V_{684} 以及 V_{685}、L_{680} 组成一个选频电路；由电容 C_{684} 和变容二极管 V_{686} 以及 V_{687}、L_{683} 组成另一个选频电路。它主要是把有诊断价值的回波信号提取出来，而滤出近场过强的低频和深部的高频干扰信号。

时间增益补偿电路：由 V_{701} 和 V_{702}（双栅极场效应管）组成二级放大器，一路来自动态滤波输出信号；另一路来自 TGC 电压（时间增益控制信号）（R_{730} 为设置故障点，正常为 47 Ω）。

对数放大：由 N731（μA733：30 dB 差动放大器）和 D731（TL441：四级动态对数放大器）组成，经它输出的信号被压缩至 30 dB 以内，使显示的图像层次更加丰富。

检波器：由 N741（μA733：差动放大器）、检波二极管 V_{752}～V_{753}（IN60）组成，二极管 V_{754} 为 V_{752}～V_{753} 提供 0.7 V 的起始电压，使检波二极管 V_{752}～V_{753} 导通电压趋于 0。

由于回波是矩形脉冲调制的超声振荡，检波器主要将高频的回波转换为视频信号输出（R_{752} 为设置故障点，正常为 2 kΩ）。

勾边增强电路：由 D761（4052 双四通道模拟开关）、N751（LM318）、C_{7555}、C_{760} 等组成。为突出图像轮廓，使之便于识别和测量，采用勾边（边缘增强）电路。常用的勾边电路有微分相加和积分相减。

滤波电路：CPU 通过控制双四通道模拟开关 4052，实现通道选择，控制信号 SBC0 和 SBC1。控制通道选择，共有四路，都采用 T 型滤波器（L_{780}、L_{781}、L_{782}；L_{782}、L_{783}、C_{783}；L_{784}、L_{785}、C_{784}；L_{786}、L_{787}、C_{785}）。

输出放大器：V_{790}（2N3906）是低频放大器，放大回波信号；V_{791}（C_{945}）的射极跟随器输入电阻大，而输出电阻小，带负载能力强，跟后级电路阻抗匹配。ECHO 为模拟电路的视频输出信号。

实训器材

1. CX-1000 医用 B 型超声诊断示教仪。

2. 60 MHz 以上数字示波器。

3. 万用表。

4. 螺丝刀。

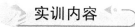
实训内容

（一）实训步骤

1. B 超诊断仪无图像区故障排除

（1）故障区域判别：由故障现象可知，此故障应为 D/A 转换之前和信号延时聚焦合成之后的电路部分问题（属于模拟信号板）。有延时聚焦后的预放大电路，动态滤波电路，时间增益补偿电路，对数放大电路，检波电路，沟边增强电路，滤波电路，输出放大电路。这一故障一般采用从后向前的排查方法。

（2）通过在线测试，寻找故障点位置，解决问题，排除故障。

2. 超声图像亮带中间有条较宽暗带

故障说明：螺丝刀的金属棒部分是强超声反射体，正确的图像应该是对应阵元的图像部分为亮条，中间有宽暗条说明有故障。

原因说明如下：由于图像有较宽的暗条，说明有多个阵元没有参与到图像合成信号中，也就是说明不是前级预放电路有问题，又由于还有部分成像正确，也说明不可能是聚焦合成后模拟电路的故障，要是聚焦合成后的模拟电路有问题，不会是部分暗条，应该是全无图像或者变暗。所以本故障应该是延时预放大电路模块出现问题。

3. 产生图像时有两道暗线

在图像子阵元的部分有细的黑条，说明是模拟信号部分有问题，在移动螺丝刀的过程中，细黑条在子阵元中的位置不变，说明不是前级预放电路的问题，如果是聚焦电路部分的问题，暗条要宽很多，那只能是聚焦电路与预放电路中间部分，即孔径部分或信号对称部分电路有问题

4. 超声诊断仪图像区增益不够，图像过亮

TGC 电压发生器被安置在数字电路上，见电路图，它由 D921（TGC 增益存储器）、D912（TGC 数据缓冲器）、数／模变换器 D914（D/A）以及运算放大器 N911C、N911D 等组成。D921 是电路的核心，其内存是根据超声在人体介质中传播衰减的一般规律，并考虑采用不同频率的超声探头以及是否采用电子放大和不同的焦距等因素而编制的若干种数据表格，由于各个表格的内容不同，当它们单独被读出并经 D/A 变换后，都可以得到一个近似的正向锯齿波电压，但各个表格所形成的锯齿波电压波形（即由斜率和线性所代表的函数规律）又各不相同。因此，在工作过程中，只要改变施加于 D921 的地址，便可读出所需的函数曲线数据。事实上，超声在介质中传播的衰减规律是复杂的，以上由 D921 读出的数据所形成的 TGC 曲线也只能是近似地符合实际衰减的规律。

（二）实训记录

实验名称						
时间			实验小组成员			
班级		姓名			设备号	
$R_{905}=0\ \Omega$ 超声图像		$R_{907}=0\ \Omega$ 超声图像		$R_{890}=0\ \Omega$ 超声图像		$R_{910}=0\ \Omega$ 超声图像
$R_{905}=100\ \text{k}\Omega$ 超声图像		$R_{907}=100\ \text{k}\Omega$ 超声图像		$R_{890}=100\ \text{k}\Omega$ 超声图像		$R_{910}=100\ \text{k}\Omega$ 超声图像
备注						

 思 考 题

1. 将 R_{905}、R_{907}、R_{890} 分别换成 $10\ \text{k}\Omega$ 电阻,看对超声图像的影响。

2. 说明 USOF、USOE、USRE、ADCWT 信号分别断开,对超声图像的影响。

3. 通过 USRE 信号故障练习,让学生分别做 USOF、USOE、USRE、ADCWT 信号 R_{905}、R_{907}、R_{890}、R_{910} 断开练习,看对超声图像的影响。

实训七　B型超声诊断仪数字板的检测与故障排除

实训目标

1.知识目标

（1）熟练地进行 B 型超声诊断仪数字板一般的故障检测与维护。

（2）熟悉和掌握数字板超声电路的结构及工作原理。

2.技能目标

（1）熟练掌握数字板超声电路故障检测与排除的在线测试过程。

（2）培养学生分析和解决问题的能力。

实训相关知识

图像处理数字板关键芯片介绍

在图像数字化处理时，主要有以下几个图像区同步信号：USOF、USOE、USRE、ADCWT。

D902（PSD813：它是 8031 单片机的外围逻辑控制及程序存储器）的 AR53A、AR53B 分别是 D903（8253）、D904（8253）的片选信号。其中 R_{905}、R_{907} 分别为图像同步信号 USOF、USRE 的故障设置点，正常时 $R_{905}=0\ \Omega$、$R_{907}=0\ \Omega$；异常时 $R_{905} > 10\ \text{k}\Omega$、$R_{907} > 10\ \text{k}\Omega$。

D903（8253：它是单片机系统中常用的定时／计数器接口芯片）输出 USOF 信号，USOF 信号是所有超声扫描信号的控制信号，它属于超声帧定时信号，一个 USOF 周期表示超声（扇区）图像从左到右扫描完一幅。

D904（8253：它是在单片机系统常用的定时／计数器接口芯片）输出 USRE 信号（R_{910} 为设置故障点，正常时 $R_{910}=0\ \Omega$；异常时 $R_{910} > 10\ \text{k}\Omega$）。USRE 是发射接收一次超声扫描定时信号，高电平有效，每条完整的扫描线要有两次发射接收。

D930（XC95144：接收数据控制器，属于 FPGA- 现场可编程门阵列，是一种半定制电路）输出 USOE 信号。USOE 信号是把两次的 USRE 分为奇、偶次发射接收。

D802（IDT72V01：采样数据暂存器）输出 ADCWT 信号（R_{890} 为设置故障点，正常时 $R_{890}=0\ \Omega$；异常时 $R_{890} > 10\ \text{k}\Omega$）。ADCWT 信号是控制接收存储的信号，它是对一次发射分段接收的控制信号高电平有效。当为高时控制逻辑电路把接收到的回波采样数据写入存储器中,实现对接收数据的分段存储,避开在聚焦时模拟开关的干扰,分两次存储一条完整的扫描线。

D891（LT6550：视频输出驱动电路）经过 R_{899} 输出场同步信号；经过 R_{898} 输出行同步信号。

场同步信号（VSYN）：用以控制场扫描的一致性,其重复频率等于场频,即 f_V=50 Hz,脉冲宽度为 160～192 μs（设置故障点 R_{899},正常值为 0 Ω）。

行同步信号（HYSN）：用以控制行扫描的一致性,其重复频率与行频一致,即 f_H=15 625 Hz,脉冲宽度为 4.7～5.1 μs。设置故障点 R_{898},正常值为 0 Ω。

 实训器材

1. CX-1000 医用 B 型超声诊断示教仪。
2. 60 MHz 以上数字示波器。
3. 万用表。
4. 螺丝刀。

实训内容

（一）实训步骤

1. B 超诊断仪图像不清屏现象排除

（1）故障区域判别

由故障图像可知,此故障应为数字电路部分问题（属于数字控制板,仪器上半部分）,模拟电路部分故障只会导致图像消失、白屏、图像区异常,但不会出现不清屏冻结类的现象,此现象应为图像数字化处理时的同步信号出现问题。

（2）通过在线测试,寻找故障点位置,解决问题排除故障。

2. B 型超声诊断仪无显示

示教仪无显示,可能出现的原因是电源问题或行场同步信号有问题,只需测量一下电源电压和行场信号就可以。

3. 超声诊断仪时间显示异常

时间不变和时钟芯片 DS12C887 有关,D911（DS12C887）片选信号 AR87 通过 R_{906},与 D902（PSD813：它是 8031 单片机的外围逻辑控制及程序存储器）的 AR87 相连；如果 R_{906} 断开,则显示器右上角上时间就会出现显示不正常或不再计时。出现这种现象的另一种可能是时钟芯片 DS12C887 本身出现问题,无片选信号输出。

4. 超声诊断仪偏色

本示教仪采用液晶显示器,其输入信号为 R、G、B 三路分离输入的方式。我们知道只有当 R、G、B 三路输入相同时,图像才是黑白的,偏色说明 R、G、B 输入的信号不相同,可能是少一路或两路,也可能是某路的幅度与标准的不相同,检查视频输出部分即可。

（二）实训记录

实验名称							
时间			实验小组成员				
班级		姓名			设备号		
$R_{905}=0\ \Omega$ 超声图像		$R_{907}=0\ \Omega$ 超声图像		$R_{890}=0\ \Omega$ 超声图像		$R_{910}=0\ \Omega$ 超声图像	
$R_{905}=100\ \mathrm{k\Omega}$ 超声图像		$R_{907}=100\ \mathrm{k\Omega}$ 超声图像		$R_{890}=100\ \mathrm{k\Omega}$ 超声图像		$R_{910}=100\ \mathrm{k\Omega}$ 超声图像	
备注							

思考题

1. 将 R_{905}、R_{907}、R_{890} 分别换成 $10\ \mathrm{k\Omega}$ 电阻，观察对超声图像的影响。

2. 说明 USOF、USOE、USRE、ADCWT 信号分别断开后对超声图像的影响。

项目七　医用制冷设备实训

实训一　医用制冷设备基本原理

230

实训目标

1. 知识目标

（1）了解医用制冷设备的基本原理。

（2）熟悉医用制冷设备的基本结构。

2. 技能目标

（1）掌握医用制冷设备的基本结构。

（2）理解医用制冷设备的基本原理。

实训相关知识

电冰箱是一种冷冻、冷藏的设备，能使物质保持冷态，如图 7-1 所示。

图 7-1　电冰箱

医用冰箱主要用于保存病毒、病菌、血浆、疫苗、红细胞、白细胞、皮肤、骨骼、细菌、精液、生物制品、试剂、药品等。

1.医用冰箱的分类

按制冷方式来分类,可以分为压缩制冷式、吸收制冷式、半导体制冷式、太阳能制冷式、电磁振动制冷式、辐射制冷式等种类;按冷却方式分类可分为直冷式、间冷式、混合制冷式三种;按温度控制方式分类可以分为机械控制和电脑控制两种;按制冷温度分为保存冰箱、低温冰箱、超低温冰箱、深低温冰箱等。按制冷剂分为有氟电冰箱和无氟电冰箱,还有一到四星级的环保等级分类,也有按压缩机转速来分类的,分为定额型和变频型。总之,种类很多,常用医用电冰箱一般是压缩式电冰箱。

2.医用冰箱型号的命名

例如:BCD 181WB/HCE 表示方法分别为:

B:电冰箱代号;

CD:用途分类代号,CD 表示冷藏冷冻箱;

181:规格代号用阿拉伯数字表示,箱内有效容积为 181 L;

W:表示冷却方式,W 表示无霜电冰箱;

B:改进设计序号,用字母表示,第二次改型;

HC:环保电冰箱代号,制冷剂 R600a;

E:出口电冰箱代号。

实训器材

BC181 型医用电冰箱。

实训内容

电冰箱由箱体、制冷系统、电路控制系统和附件构成。在制冷系统中,主要组成有压缩机、冷凝器、干燥过滤器、毛细管、蒸发器五部分,自成一个封闭的循环系统。控制系统中主要有温控器、热继电器、过载保护器、门碰开关等。

1.电冰箱箱体

电冰箱箱体是电冰箱的躯体,起结构支撑和内部放置物品之用,其结构设计直接影响电冰箱的美观和使用。如图 7-2 所示。箱体主要由箱体外壳、箱体内胆、箱门、磁性门封条及附件组成。它可以用来隔热保温,使箱内与外界空气隔绝,保持低温环境,以便存放物品。

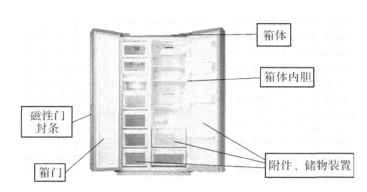

图 7-2　电冰箱箱体

2. 制冷系统

制冷系统是利用制冷剂的循环进行吸热与放热的热交换系统,它将箱内的热量转移到箱外的介质(空气)中去,从而达到制冷降温的目的,制冷系统是电冰箱的主要构成系统。它是由压缩机、冷凝器、干燥过滤器、毛细管(或膨胀阀)等组成,如图 7-3 所示。

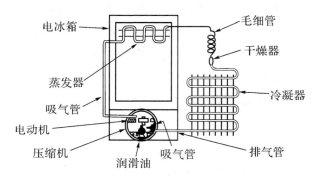

图 7-3 电冰箱的制冷系统

3. 电冰箱的电路控制系统

电冰箱的电路控制系统由温控器、启动器、过流保护器(热保护器)等组成,其电气原理如图 7-4 所示。

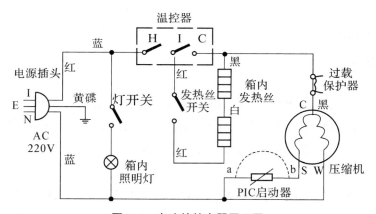

图 7-4 电冰箱的电器原理图

思考题

1. 医用电冰箱由哪些部分组成?

2. 医用电冰箱有哪些类型?

3. 医用电冰箱的制冷系统工作原理是什么?

实训二　医用制冷设备的重要元器件

实训目标

1. 知识目标

（1）了解医用电冰箱制冷系统重要元器件及其工作原理。

（2）了解医用电冰箱压缩机重要元器件及其工作原理。

2. 技能目标

（1）认识医用电冰箱制冷系统的构成并理解其工作原理。

（2）认识医用电冰箱压缩机构成并理解其工作原理。

实训相关知识

制冷与电路控制系统是医用电冰箱的核心组成部分，了解其内部结构及重要元器件有助于深入理解医用电冰箱的工作原理，将为医用电冰箱的维修打下重要基础。

实训器材

BC181 型医用电冰箱压缩机、冷凝器、干燥过滤器、毛细管、蒸发器、医用电冰箱电路控制系统。

实训内容

电冰箱制冷系统包括压缩机、冷凝器、干燥过滤器、毛细管、蒸发器等元器件，了解它们的结构及原理是医用电冰箱维修的重要基础。

1. 压缩机

（1）压缩机的结构

压缩机是电冰箱的主要部件，它将蒸发器中的低温低压的制冷剂液体压缩为高温高压的制冷剂气体，并送入冷凝器中。现在电冰箱多用封闭往复活塞式或封闭旋转活塞式压缩机。

（2）压缩机电机端子的命名及判断方法

一般电冰箱的压缩机共有三个端子，分别用字母 C 表示公共端子，字母 M 或 R 表示运行端子，字母 S 表示启动端子，如图 7-6 所示。

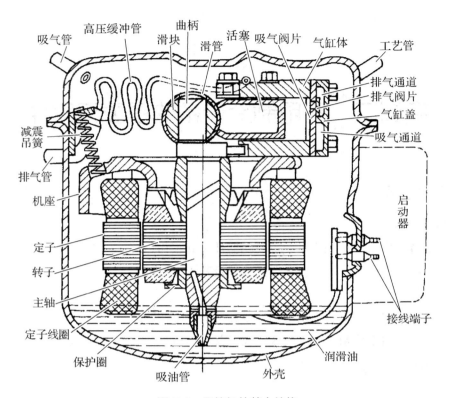

图 7-5　压缩机的基本结构

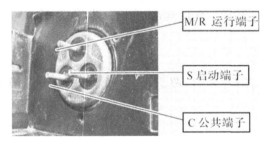

图 7-6　压缩机的 S、M/R、C 端子

判断端子的方法是,用万用表的电阻挡(10×20R)分别测量每两个端子的电阻值,两个端子阻值最大的一组对面的端子为 C 公共端子,两个端子阻值较大的为 S 启动端子,两个端子阻值最小的为 M 或 R 运行端子。

(3)压缩机故障的主要因素

全封闭压缩机因壳体完全密封,制冷剂不易泄漏,有利于压缩机的长期可靠运行及冰箱系统的长期工作。但正是因为这一点,不利于压缩机的维修,内部的一点小故障就可能导致压缩机的损坏或报废。导致压缩机出现故障的因素很多,主要有:水分、制冷剂、使用环境等因素。

2.冷凝器

电冰箱用的冷凝器主要有百叶窗式、钢丝式、内藏式等,如图 7-7、图 7-8、图 7-9 所示。

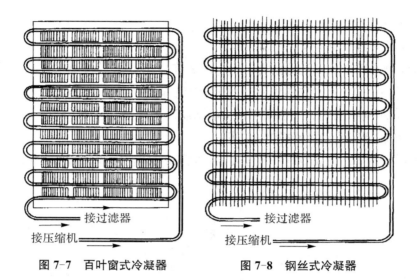

图 7-7 百叶窗式冷凝器   图 7-8 钢丝式冷凝器

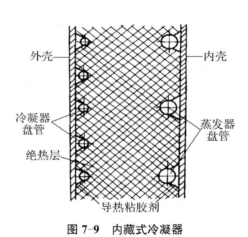

图 7-9 内藏式冷凝器

（1）冷凝器的主要故障

冷凝器故障率较低,但也可能会出现故障,一般为冷凝效果差、冷凝器出现漏点等。影响冷凝器传热效率的因素有空气流速、环境温度、真空度、污垢等。

（2）冷凝器故障的排除方法

若是空气在冷凝器中形成不易凝性气体,可以对系统抽真空。若是油垢过多,可以用焊枪焊开冷凝器与高压排气管的焊接处和毛细管与干燥过滤器的连接处,最后焊掉干燥过滤器,在冷凝器的进口处连接氮气瓶,打压至 1 MPa,然后用手指交替堵住和松开出口,使油垢从出口排出,也可在冷凝器中灌入四氯化碳,然后用氮气打压吹净并干燥处理,然后再更换同规格的干燥过滤器。

冷凝器漏点排除方法：外露式冷凝器出现漏点时,只需补焊好即可。若内藏式冷凝器出现漏点,需要先判断漏点位置,可以对内藏式冷凝器加压后,听气流声来辨别漏点的位置。然后在箱体外壳局部开口进行检漏和补漏工作。也可改装成外露式冷凝器。

3.干燥过滤器

（1）干燥过滤器的结构及作用

干燥过滤器是干燥器和过滤器合二为一的名称，它安装于冷凝器的出口与毛细管的进口之间，如图7-10所示。它的作用有两个：①清除制冷系统中的残留水分，防止产生冰堵，减小水分对制冷系统的腐蚀作用。②清除制冷系统中的杂质，如金属、各种氧化物和灰尘，防止杂质堵塞毛细管或损伤压缩机。

干燥过滤器都有铅箔或塑料密封包装，启动后应立即使用，以免干燥剂吸水失效。

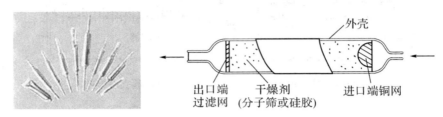

图 7-10 干燥过滤器的外形及结构图

（2）干燥过滤器的主要故障及排除方法

①冰堵故障：一种是排气法，即切开压缩机的工艺管，放出制冷剂后重新充填少量制冷剂，开机10分钟，再放出制冷剂，然后充填规定的制冷剂，可排除不严重的冰堵故障；另一种是抽真空故障法，切开压缩机的工艺管，放出制冷剂后更换上同型号的故障过滤器，外接一个真空泵，抽真空2～3小时，即可消除冰堵。也可将故障过滤器拆下，用四氯化碳清洗，经过干燥处理后也可重新使用；或直接更换。

②脏堵故障：一般情况下必须更换新的故障过滤器。

③分子筛失效故障：一般情况下更换新的故障过滤器，也可进行烘干处理，使其活化后使用。

4.毛细管

毛细管是一根内径为 0.5～1.2 mm，长度一般为 1～4 m 或根据需要截取的紫铜管，安装在制冷系统干燥过滤器和蒸发器之间，如图7-11所示。

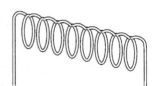

图 7-11 毛细管的外形图

（1）毛细管的选配：在更换毛细管时，必须按原来的长度、规格选取，毛细管的截流量是和压缩机的排气量有直接关系的，它也决定了冷凝器的工作压力，因此一定要选择好。

（2）毛细管的主要故障及排除方法

①冰堵故障：一般出现冰堵，可在冰未化之前及时将毛细管焊下，去除冰堵，同时更换新的干燥过滤器和抽真空，重新加注制冷剂。

②脏堵故障：更换新的干燥过滤器和抽真空，重新加注制冷剂。

5. 蒸发器

（1）蒸发器的作用及种类

蒸发器是液体制冷剂在其中蒸发并吸收被冷却物质热量的热交换器,它是制冷系统中一个主要的换热部件,吸收被冷却物体的热量使之温度下降,从而达到制冷的目的。一般有复合铝蒸发器、管板式蒸发器、层架盘管式蒸发器等几种。

蒸发器中制冷剂的吸热过程如图7-12所示。

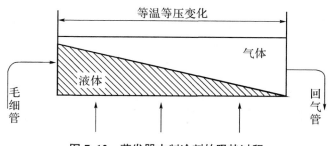

图 7-12　蒸发器中制冷剂的吸热过程

（2）蒸发器的主要故障及排除方法

①蒸发器的主要故障是泄漏。管板式蒸发器内部泄漏,拆背板,挖泡沫补漏法非常困难,可在冰箱内胆外面用紫铜管重新布置蒸发器,置换原来的蒸发器。

②层架式蒸发器和铝板式蒸发器内部泄漏可采用补漏方法维修。但焊接补漏容易烧坏冰箱,可采用如下方法:a.胶粘剂补漏;b.锡焊补漏;c.压接环补漏。

思 考 题

1. 医用电冰箱压缩机由哪几部分组成?
2. 医用电冰箱的冷凝器故障原因有哪些? 如何排查故障?

237

238

实训三　医用电冰箱电路控制系统的组成及检测

实训目标

1. 知识目标

（1）了解医用电冰箱电路控制系统的组成。

（2）熟悉医用电冰箱电路控制系统的检测方法。

2. 技能目标

（1）掌握医用电冰箱的使用方法。

（2）学会测量医用电冰箱电路控制系统中的各种相关物理量。

实训相关知识

电冰箱的电路控制系统组成

1. 温控器　温控器是一种继电器，常用的有压力式和热敏电阻（电子）式两种，如图 7-13（a）、（b）所示。

(a) 压力式温控器　　　(b) 热敏电阻(电子)式温控器

图 7-13　电冰箱的温控器

2. 启动器　启动器也是一种继电器，常用的有重锤式继电器和 PTC 继电器两种，如图 7-14、图 7-15 所示。

重锤式继电器的实际接法

图 7-14　重锤继电器

PTC继电器的实际接法

图 7-15　PTC 继电器

3.过载保护器　过载保护器由双金属和电热器组成,如图 7-16 所示。如果过大电流流入压缩机的电动机,电热器温度就上升,双金属受热弯曲后接点断开。这样电流就不会再流入。用这种方法就有可能防止因过大电流烧坏电动机或防止故障的发生。过后电热器渐冷,双金属恢复原来形状接点再次连接。上述动作会反复进行,这个过程称为"自动恢复"。

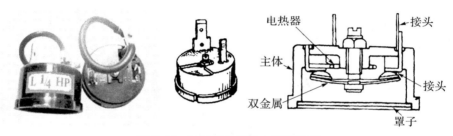

图 7-16　过载保护器和内部结构图

⟫ **实训器材** ◂

同实训二。

⟫ **实训内容** ◂

1.检测压力式温控器

如图 7-17 所示,分别测量压缩机停机及非停机时的电阻并记录读数。

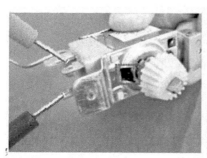
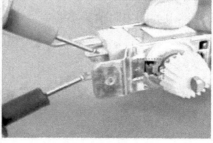

图 7-17　测量压力式温控器的电阻

常用医疗器械设备原理与维护实训

2. 检测重锤式继电器

如图7-18所示，检测重锤式继电器的电阻并记录其读数。

3. 检测PTC启动器

如图7-19所示，检测PTC启动器并记录其读数。

图7-18　测量重锤式继电器的电阻　　图7-19　测量PTC启动器的电阻

4. 检测过载保护器

如图7-20所示，检测过载保护器并记录其读数。

图7-20　测量过载保护器的电阻

 思 考 题

1. 压缩机温控电阻在不同状态下的阻值是多少？

2. 重锤式继电器的电阻值为多少？

240

实训四　医用电冰箱维修工具的使用

实训目标

1.知识目标

（1）了解医用制冷设备的维修工具。

（2）熟悉检漏、抽真空及充注制冷剂等医用制冷设备的维修操作。

2.技能目标

（1）掌握常见医用制冷设备维修工具的使用方法。

（2）学会进行抽真空及充注制冷剂等操作。

实训相关知识

制冷设备维修是医学制冷设备实训的重要内容，了解并掌握常见制冷设备维修工具的使用方法是进行维修工作的基础。制冷设备维修工具包括：

1.通用工具

适用于各种设备的维修工具。按使用范围分为钳工类通用工具和电工类通用工具。

2.专用工具

仅用于制冷设备的维修工具。

实训器材

切管器、扩管器、冲头、弯管器、封口钳、三通修理阀和五通修理阀、卤素检漏灯、温度计、压力表与真空压力表。

实训内容

1.认识制冷设备维修工具

（1）切割管道器：切割管道器是专门用于切断紫铜管、黄铜管和铝管的工具，如图7-21所示。

将需要切割的管子放置在滚轮与割刀之间，

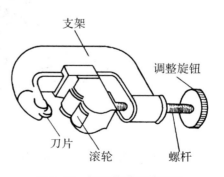

图7-21　切割管道器的结构

管子的侧壁要紧贴两个滚轮的中间位置,调整旋钮,使割刀的刀口与管子垂直夹紧,然后旋动调整旋钮,使割刀的刀刃切入管壁,随即均匀地将切割管道器整体环绕管子旋转,环绕一圈后,再旋动调整旋钮,使割刀进一步切入管壁,注意每次进刀量不宜过多,一般需拧进调整旋钮的 1/4 圈即可,然后继续转动切割管道器,此后,边紧旋动调整旋钮边转动切割管道器,直至将管子切断,切断后的管口要整齐光滑,无毛刺和缩口现象。

（2）扩管器:又称胀管器,用于把管制成喇叭口或圆柱口的专用工具,如图 7-22 所示。

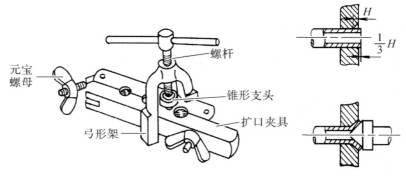

图 7-22　扩管器的结构

当管道需要焊接连接时,根据不同直径管道的连接口,需要采用不同的口形,以使连接更为牢固可靠,一般喇叭口形的管口用于螺纹接头的密封连接;圆柱形口（杯形口）用于两个管径相同管子的连接。

（3）冲头:把铜管冲胀成杯形口的专用工具,如图 7-23 所示。

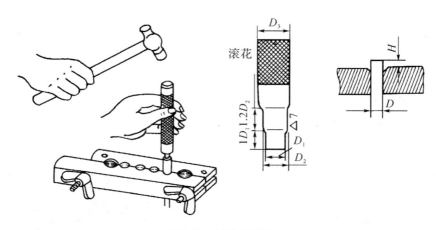

图 7-23　冲头的结构

（4）弯管器:弯管器是将小管径（小于 20 mm）铜管弯曲的专用工具,如图 7-24 所示。

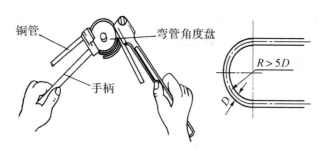

图 7-24　弯管器的结构

管道的弯曲一般是利用弯管器进行铜管弯曲的操作。

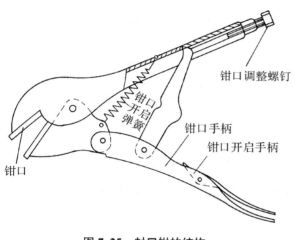

图 7-25　封口钳的结构

操作方法：将退火处理的铜管放入带导槽的固定轮上，然后用活动杆的导槽套住铜管，用一只手握住固定手柄紧固住铜管，另一只手握住活动杆手柄顺时针方向平稳转动，铜管就在导槽内被弯曲成特定的形状，弯曲的角度可与固定轮上的显示刻度相对应。在弯曲过程中，用力应均匀，避免出现死弯和裂纹。

（5）封口钳：用于电冰箱、空调等修理测试符合要求后封闭修理管口，如图 7-25 所示。

（6）三通修理阀：当对制冷系统抽真空或充注制冷剂时，需要用三通修理阀，其结构如图 7-26 所示。

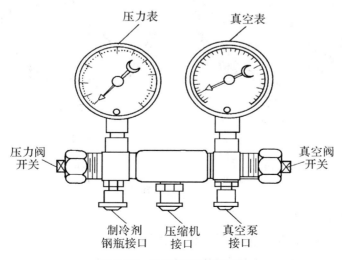

图 7-26　三通修理阀的外形

243

（7）温度计：温度计用来检查设备维修质量，分为玻璃式和压力式两种。玻璃液体温度计：结构如图 7-27（a）所示；电接点玻璃水银温度计：结构如图 7-27（b）所示；压力式温度计：结构如图 7-27（c）所示。

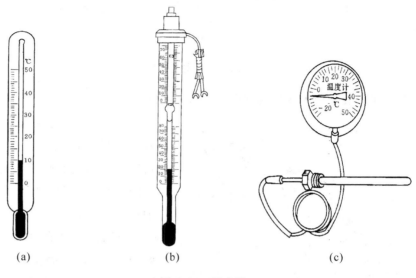

图 7-27　温度计

（8）压力表与真空压力表：常用的压力表有 Y 型压力表（指示高压压力）和 YZ 型真空压力表（指示低压压力和润滑油压力），如图 7-28 所示。

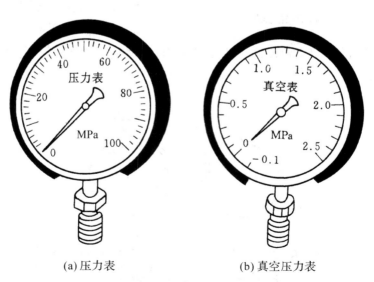

图 7-28　压力表

2. 掌握制冷系统的检漏

制冷系统的检漏需遵循由简单到复杂的检修原则。

（1）割压缩机加注管，焊接带有真空压力表的修理阀。

（2）将氮气瓶的高压输气管与修理阀的进气口虚接（连接螺母松接）。

（3）打开氮气瓶阀门，调整减压阀手柄，待听到氮气输气管与修理阀进气口虚接处有氮气排出的声音时，迅速拧紧虚接螺母。这一步骤是将氮气输气管内的空气排出。

（4）打开修理阀，使氮气充入系统内，然后调整减压阀。当压力达到 0.8 MPa 时，关闭氮气瓶和修理阀阀门。

（5）用肥皂水对露在外面的制冷系统上所有的焊口和管路进行检漏。同时也要对压缩机焊缝进行检漏，并观察修理阀压力表的变化。

（6）如上述检查完成后无漏孔出现，则可对系统进行 24 小时保压试漏。保压后，若压力表无下降变化，则说明系统没有泄漏点；如果压力表有下降，则说明系统有漏点。压力检漏的基本操作工艺如图 7-29 所示。

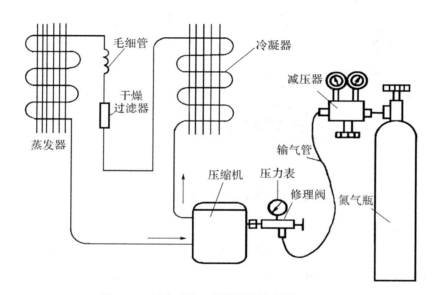

图 7-29　制冷系统压力检漏的基本操作工艺图

（7）分段检漏找出漏电，然后做出相应的处理。

3. 掌握抽真空及充注制冷剂操作

（1）抽真空的操作

在充注制冷剂之前，需对制冷系统进行抽真空处理。

①压缩机低压部抽真空方法如图 7-30 所示。

特点：工艺简单，操作方便。但整个系统的真空度达到要求的压力所需时间较长。

二次抽真空是将制冷系统抽真空到一定程度后，再充入少量的制冷剂，使系统内的压力恢复到大气压力，这时系统内已成为制冷剂与空气的混合气。第二次抽真空是达到减少残留空气的目的。

②压缩机自身抽真空：没有真空泵时，应急采用该方法。利用压缩机自身运转，吸收制冷系统中的气体再压缩排出外界，如图 7-31 所示。

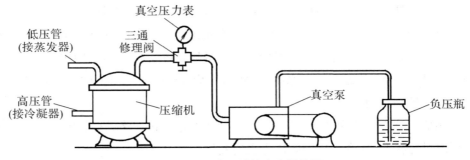

图 7-30　制冷系统抽真空操作图

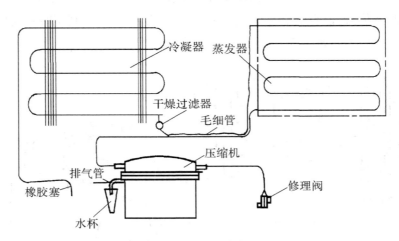

图 7-31　压缩机自身抽真空操作图

（2）制冷剂的充注操作

操作顺序及方法：①连接阀门，如图 7-32 所示。②系统抽真空。③排除连接管道内的空气。④充注制冷剂和 2 mL 左右的冷冻油。⑤工艺管的封离。

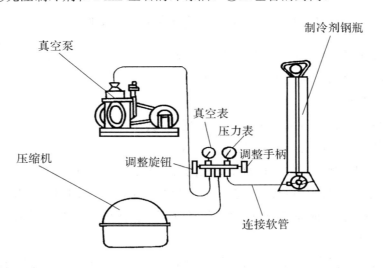

图 7-32　制冷剂的充注操作图

实训提示

制冷剂钢瓶应有固定的贮存类型,不得混用;瓶内的制冷剂充装量应为钢瓶容积的2/3,以免遇热膨胀发生爆炸。

思 考 题

1. 常见的医用制冷设备维修工具有哪些?

2. 加注制冷剂的操作步骤是什么?

3. 制冷设备如何检漏?

实训五　医用电冰箱焊接技术

实训目标

1. 知识目标

（1）了解医用制冷设备焊接工具。

（2）熟悉医用制冷设备焊接操作。

2. 技能目标

（1）掌握常见医用制冷设备焊接工具的使用方法。

（2）学会进行医用制冷设备的焊接操作。

实训相关知识

1. 焊接设备和材料

氧气钢瓶：内装氧气有助燃气体的作用。

乙炔气瓶：乙炔气本身不能充分燃烧，与适量的氧气混合燃烧后可产生 3 200 ℃高温火焰，是气焊和钎焊理想的可燃气体。

液化石油气瓶：压力 0.78 ～ 1.47 MPa 下为液体。液化石油气与氧气混合后可获得理想的焊接火焰，被广泛应用。

氧气减压阀：将瓶内的高压氧气调节成为钎焊适宜的低压稳定的气体。其内部结构如图 7-33 所示。

输气高压胶管：焊接操作时应远离乙炔气钢瓶，所以，需要较长的胶管将焊枪和钢瓶连接起来。

焊料和焊剂：钎焊常用的焊料有银铜焊料、铜磷混合焊料和锌铜混合焊料等。焊剂的作用是防止钎焊过程中，被焊工件及焊料的进一步氧化，同时可帮助焊料增加流动性和填缝功能。

2. 焊接的操作

首先将焊枪、高压氧气钢瓶、乙炔气钢瓶或液化石油气钢瓶用高压软管连接起来，检查各接口处和设备是否有泄漏。

（1）氧气瓶的开启和减压阀的调整。

（2）火焰的调整。

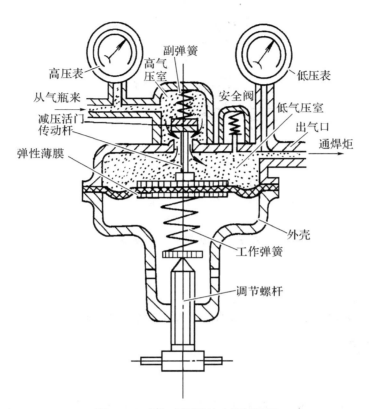

图 7-33　氧气减压阀的内部结构图

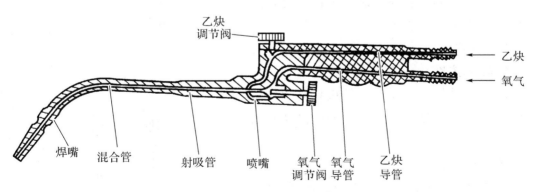

图 7-34　焊枪的结构图

根据可燃气体和助燃气体进入焊枪的比例,火焰可分为三种类型。

第一种类型称为碳化焰,外形如图 7-35(a)所示。

第二种类型称为中性焰,外形如图 7-35(b)所示。

第三种类型称为氧化焰,如图 7-35(c)所示。

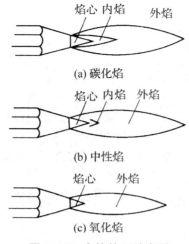

图 7-35　火焰的三种类型

实训器材

电烙铁、焊料和焊剂、氧气钢瓶、乙炔气瓶、液化石油气瓶、氧气减压阀。

实训内容

1. 焊接操作

先对焊接工件进行预热,同时在焊接处涂上焊接剂。点涂焊料时应与焊枪火焰方向形成一个倾斜角度。同时,将火炬后移,用外焰继续加热,直至焊料充分熔化,方可移去火焰,完成焊接工作。

在焊接时,对于管径较细的管道,焊接时间应尽量缩短;焊接过程中,在焊料没凝固时,不可使被焊接件振动或错位;焊接后必须将焊口残留的焊剂清除干净。

2. 焊接质量分析

焊接不按操作规范进行时,会出现很多问题。一是焊接短缺;二是接口处出现气泡或气孔;三是接口有熔蚀;四是接口开裂。

管道的焊接

①管径相同时的连接:采用插入式,如图 7-36(a)所示。

如插管受到管长限制可采用套管式,如图 7-36(b)所示。

压缩机导管和制冷剂管的焊接结构如图 7-37 所示。

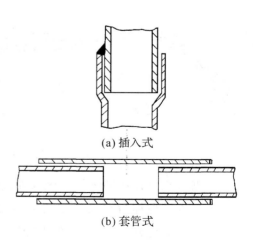

(a)插入式

(b)套管式

图 7-36　管套的焊接

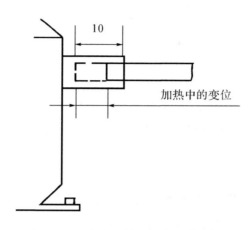

图 7-37　压缩机导管和制冷剂管的焊接

毛细管与干燥过滤器的连接如图 7-38 所示。

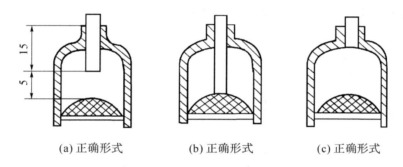

(a) 正确形式　　　(b) 正确形式　　　(c) 正确形式

图 7-38　毛细管与干燥过滤器的连接图

②管径不同的管路连接如图 7-39 所示。

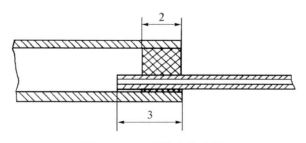

图 7-39　不同管路的连接

实训提示

焊接现场安全知识

1. 氧气瓶

瓶内和阀口不得有油脂物质,以免其和氧气反应使氧气瓶产生高压发生爆炸;严禁靠近高温、火源之处;搬运时应拧紧瓶阀,避免剧烈碰撞和振动;钢瓶应置于通风干燥处,要直立或卧放。

2. 乙炔气瓶

禁止撞击和振动;应置于通风、阴凉之处,与明火保持 10 m 的安全距离,并远离高温和电器设备;不得与氧气混放。

 思 考 题

1. 医用电冰箱焊接操作需要哪些工具?

2. 医用电冰箱焊接如何具体操作?焊接质量如何分析?

实训六　医用制冷设备常见故障案例分析

实训目标

1.知识目标

（1）了解医用制冷设备故障检查方法。

（2）掌握医用制冷设备常见故障维修方法。

2.技能目标

（1）掌握医用电冰箱故障检查三要素。

（2）学会解决医用电冰箱制冷效果差、不制冷、压缩机在运转中突然停机、压缩机启动不起来、压缩机长时间工作不能停机、电冰箱漏电等常见故障。

实训相关知识

电冰箱故障检查维修三要素：

1.看

（1）看制冷系统各管路是否有断裂,各焊接点处是否有泄漏,如有泄漏,必有油渍出现。

（2）看压缩机吸、排气（高、低压）压力值是否正常。

（3）看蒸发器和回气管挂霜情况。如冷冻蒸发器只挂有一部分霜或不结霜均属于不正常现象。（冷藏蒸发器不能照此判断）

（4）注意冷藏室或冷冻室的降温速度,若降温速度比正常运转时显著减慢,则属不正常现象。

（5）看冰箱主控制板的各种显示状态。

（6）看冰箱放置的环境。

（7）看冰箱门封、箱体、台面、保温层状态和保温环境。

2.听

（1）听压缩机运转时的各种声音

全封闭机组出现"嗡嗡"的声音是电机不能正常启动的过负荷声音,"嘶嘶"声是压缩机内高压管断裂发出的高压气流声,"咯咯"声是压缩机内吊簧断裂后发出的撞击声。

压缩机正常运转时,一般都会发出轻微但又均匀的"嗡嗡"的电流振动声。如出现"通通"声,是压缩机内的液体撞击声,即有大量制冷剂湿气体或冷冻机油进入气缸。"当

"当"声是压缩机内部金属撞击声,这说明内部运动部件有松动。

（2）听蒸发器里气体流动

在压缩机工作的情况下打开箱体门,侧耳细听蒸发器内的气流声,"嘶嘶嘶"并有流水似的声音是蒸发器内制冷剂循环的正常气流声。如没有流水声,则说明制冷剂已渗漏。蒸发器内没有流水声、气流声,说明过滤器或毛细管有堵塞,与堵、漏区别。

（3）听温控器、启动继电器、主控板继电器、电磁阀换向声音是否正常。

3. 摸

（1）摸压缩机运转时的温度,压缩机正常运转时,温度不会升高太多,一般不超过90℃（长时间运转可能会超过此值）。

（2）压缩机正常运转5~10 min后,摸冷凝器的温度,其上部温度较高,下部温度较低（或右边温度高,左边温度低,视冷凝器盘管形式而异）,说明制冷剂在循环。若冷凝器不发热,则说明制冷剂泄漏了。若冷凝器发热数分钟后又冷下来,说明过滤器、毛细管有堵漏。对于风冷式冷凝器,可手感冷凝器有无热风吹出,无热风说明不正常。

（3）摸过滤器表面的冷热程度,制冷系统正常工作时过滤器表面温度应比环境温度稍高些,用手触摸会有微热感。若出现显著低于环境温度的凝露现象,说明其中滤网的大部分网孔已阻塞,致使制冷剂流动不畅通,从而产生节流降温。

（4）摸制冷系统的排气冷热程度。排气应是很热的,有些烫手,这是正常工作状态。采用封闭压机制冷系统,一般吸气管不挂霜、无凝露,如挂霜和凝露则是不正常（刚开机时出现短时结霜、凝露属正常现象）。

由于电冰箱是各个部件的组合体,它们是彼此相互联系和相互影响的,因此通过上述检查后,如果查出一种反常现象,先不急于做出判断。须找出两种或两种以上的反常现象,也可借助于仪表和其他方法来综合判断,才具有较高的准确性。这是因为,一种反常现象很可能是多种故障所共有的,由于某种故障一般是两种或两种以上反常现象同时出现,可以从中排除一些可疑的故障,从而做出较为准确的判断。

实训器材

医用电冰箱。

实训内容

电冰箱常见故障举例

案例一 制冷效果差

制冷效果是指冰箱能正常运转制冷,但在规定的工作条件下,其箱内温度降不到原定温度,由于造成这种现象的原因较多,下面分七个方面分析。

1. 制冷剂泄漏

（1）故障分析:系统中制冷剂泄漏后,制冷量就不足,现象是吸、排气压力低而排气温度高。排气管路烫手。毛细管出口处能听到比平时大得多的持续的"吱吱"气流声。蒸发器不挂霜或挂少量的浮霜。停机后系统内部平衡压力一般低于相同环境温度所对应的饱和压力。

（2）排除方法：制冷剂泄漏后,不能急于向系统内充注制冷剂,而应立即查找泄漏点,经修复后再充注制冷剂。由于冰箱接头多,密封面多,潜在的渗漏点相应就多。检修时,必须注意摸索易漏的环节,根据经验来查找各主要连接点是否有渗油、管路断裂等现象。如没有发现较大渗漏点,可按正常的检修方法充灌氮气、检漏、修复渗漏点、抽真空、加制冷剂,然后运转试机。

2. 系统中充灌制冷剂过多

（1）故障分析：①系统中充灌的制冷剂量超过系统的容量,过多的液态制冷剂就会占去蒸发器一定的容积,减少散热面积,使其制冷效率降低,出现的异常现象是吸、排气压力普遍高于正常压力值,冷凝器温度高,压机电流增加,蒸发器结霜不实,箱内温度降得慢,回气管挂霜。②制冷剂充入过量,不能在蒸发器里蒸发的液态制冷剂,回到压缩机中后,容易发生压缩机内液体撞击现象。当液态制冷剂进入压缩机底部的冷冻油中时,立即蒸发并产生气泡。严重时泡沫充满机壳而被吸入活塞中,产生液压缩（湿中程）,将导致压机部件受损。

（2）排除方法：按操作程序,须停机几分钟打开注液管放掉制冷剂,更换过滤器,然后重新注液封口。

3. 制冷系统内有空气

（1）故障分析：空气在制冷系统内会使制冷效率降低,突出的现象是吸、排气压力升高（但排气压力还未超过额定值）,压机出口至冷凝器进口处温度明显升高,由于系统内有空气,排气压力、温度都有升高,压缩机工作噪声明显加大。

（2）排除方法：可以在停机几分钟后,重新打开管路抽空注液。

4. 压缩机效率降低

（1）故障分析：制冷压机效率低是指在制冷剂不变的情况下,其实际排气量下降,这必然使压机制冷量相应减少。这种现象多发生在经过较长时间使用的压缩机上,压缩机运动部件已有相当大程度的磨损,各部件配合间隙增大,气阀密封性能下降,进而引起实际排气量的下降。

（2）判断方法：①用真空压力表检测高低压力是否正常。压机出现异常或外壳温度过高。②切开排气口,运转压机后用手指在排气口试验有无压力（正常压缩机排气口用手指稍用力不应能堵住）。

（3）排除方法：更换压机,按标注量加注制冷剂。

5. 蒸发器霜层过厚

（1）故障分析：直冷式冰箱长期使用,蒸发器要定时除霜,如不除霜,蒸发器管路上霜层越积越厚,当把整个管路包住成透明冰层时将会严重影响传热,致使箱内温度降不到要求范围内。

（2）排除方法：应停机化霜,打开箱门让空气流通,也可用风机等加速流通,减少化霜时间。切勿用铁器、木棒等敲击霜层，以防损坏蒸发器管路。

6. 蒸发器管路中有冷冻机油

（1）故障分析：在制冷循环过程中，有些冷冻机油残留在蒸发器管路内，经过较长时间的使用，蒸发器内残留油较多时，会严重影响其传热效果，出现制冷差的现象。

（2）判断方法：判断蒸发器管路内冷冻油的影响是较困难的，因为这种现象同其他几种故障易于混淆。一般来说，可以从蒸发器挂霜来判断，若蒸发器上结霜结得不多，也结得不结实，此时若未发现有其他故障，可判断是带油所致的制冷效果劣化。

（3）排除方法：①清洗蒸发器内的冷冻机油，可从蒸发器进口充灌制冷剂冲洗几次，用氮气吹干，更换过滤器后充注制冷剂。②加少量制冷剂运行 30 min，然后开机抽空 30 min，冰箱断电继续抽空 30 min，加制冷剂运行，如效果不理想用方法（1）维修（注：必须更换过滤器）。

7. 制冷系统不通畅

（1）故障分析：由于制冷系统清洗不干净，经长时间使用后，污物渐淤积在过滤器中，部分网孔被堵塞，致使流量减少，影响制冷效果。

（2）判断方法：系统中微堵的反常现象是排气压力偏低，排气温度下降，被堵塞的部位比正常时温度低，堵塞严重时会出现凝露和结霜现象。

（3）排除方法：可冲洗管路，更换过滤器后重新注液。也可参照制冷系统脏堵的维修方法排除故障。

案例二　不制冷

压机能正常运转，但蒸发器不挂霜（或有少量霜），箱内温度不下降，这种现象称为不制冷。不制冷的原因很多，也较复杂，检修时要特别注意造成这种现象的直接原因是什么。下面从三个主要故障点加以分析。

1. 系统内制冷剂全部泄漏

（1）故障分析：制冷系统出现泄漏点后，没能及时发现维修，制冷剂会全部泄漏，泄漏有两种：一种是慢漏，冰箱一段时间没使用，到使用时才发现泄漏；有时是使用过程中发现逐渐不冷，最后不制冷了；另一种情况是快漏，由于系统管路突然破裂等情况，会使制冷剂迅速逸完。

（2）判断方法：制冷剂全部泄漏完的表现是：很轻松（压机部件没损坏时，运转电流较小，吸气压力高，排气压力较低，排气管很凉，蒸发器里听不到液体的流动声，停机后打开压缩机加注制冷剂的口无气流喷出。

（3）排除方法：应对整机进行检查，主要检查易漏部分。发现渗漏部位后，可根据具体情况维修或更换新元件，最后抽空、充灌制冷剂。

2. 制冷系统堵塞

（1）冰堵

①故障分析：制冷系统中主要零部件干燥处理不当，整个系统抽空效果不理想以及

制冷剂含水分超量,冰箱工作一段时间后,毛细管会出现冰堵现象。出现冰堵的表现是冰箱一会儿制冷,一会儿不制冷,冰箱开始工作时是正常的,持续一段时间后,堵塞处开始结霜,蒸发温度达 0℃以下,水分在毛细管狭窄处聚集,逐渐将管孔堵死,然后蒸发器出现溶霜,听不到气流声,低压压力为负压。要注意这种现象是间断的,时好时坏。为了及早判断是否是冰堵,可用热水对堵塞处加热,使堵塞处冰体熔化,片刻后,如听到突然喷出的气流声,吸气压力也随之上升,可证实是冰堵。

②排除方法:如果制冷系统中水分过多,可以放掉制冷剂,用氮气吹干管路,重新充入制冷剂,但一般采用的方法是在制冷系统中串入一个装有吸潮剂(硅胶、无水氯化钙)的过滤器,将系统中的水分过滤掉,然后更换过滤器,重新抽空注液(所有在维修过程中出现的冰堵均属维修人员的责任,未动过系统的冰箱从原理上不存在冰堵的现象)。

(2)毛细管脏堵

①故障分析:毛细管进口处最易被系统中的较粗的粉状污物或冷冻油堵塞,污物较多时会将整个过滤网堵死,制冷剂无法通过,脏堵与冰堵的表现有相同之处,即吸气压力高,排气温度低,从蒸发器听不到气流声。

②判断方法:脏堵时经敲击堵塞处(一般为毛细管和过滤器接口处),有时可通过一些制冷剂,有些变化,而对加热无反应,用热毛巾敷时也不能听到制冷剂流动声,且无周期变化,排除冰堵后即认为是脏堵所致。

③排除方法:打开系统,拆下过滤器,用氮气冲洗系统,更换过滤器、抽空、加注制冷剂。

(3)过滤器堵塞

过滤器完全堵塞一般不多见,大多是由于系统中填充的分子或其他粉尘,因使用时间较长而成糊状封住了过滤器,或污物渐积于过滤器内。有时敲击过滤器后会出现通气的现象,用手触摸过滤器有比正常时凉的感觉。排除方法同毛细管脏堵。

3.压缩机故障

压缩机吸、排气阀片击碎。

①故障分析:压缩机是靠吸、排气阀的开闭将制冷剂吸入、排除来进行工作的,如阀片碎断,制冷剂就无法排出,也就不能制冷了。

②判断方法:判断这一故障比较困难,它往往同其他故障有相似表现。检修时,可首先注意压缩机有无异常声响(有时阀片破碎后会顶缸),触摸压缩机是否烫手也可有助于判断。其次,在压缩机高、低端接压力表观察,吸气阀片被击碎时,吸气压力表指针摆动很激烈,吸气压力很高。当排气阀片被击碎时,排气压力表指针摆动激烈,排气压力高。这时应立即停机,有条件的可打开气缸盖检查阀片,进行修理或更换压缩机。

案例三　压缩机在运转中突然停机

压缩机在运转中突然停机(正常停机及电路断路不属于该范围),主要是吸、排气压力超过规定的范围导致压力保护继电器切断电源引起的停机。下面主要探讨排气压力过高、吸气压力过低的原因。

1.排气压力过高引起的停机

（1）系统中充入制冷剂过多

①故障分析：制冷系统中制冷剂充入过多，会发生结霜不实、制冷效果差的现象。过多的制冷剂占去蒸发器一部分容积，会使散热面积减少，也可能产生液体撞击现象，同时回气管可能出现结露或结霜现象，排气压力显著上升，超过正常值后保护继电器断电。

②排除方法：打开管路，重新抽空加注制冷剂。

（2）系统内有残留空气

①故障分析：系统内有空气循环，主要表现是排气压力高，排气温度高，排气管烫手，制冷效果差，压缩机运转不久，排气压力将超过正常值，迫使继电器动作而停机。

②排除方法：检查空气是怎样进入制冷系统的。一般有两个环节需注意：维修时不慎空气被吸入或抽真空时空气没有抽干净；制冷系统低压端有渗漏点，多发生在低温部件中，因低温设备蒸发温度低，低压端压力低，空气易于进入系统内。

一旦断定系统中有空气存在，必须打开系统更换过滤器，重新抽空、注液。

2.电气方面出现故障引起停机

（1）温度控制器失控

①故障分析：温度控制器调节失灵或感温管安装不正确时，也易于出现频繁停、开机现象。

②排除方法：调整感温包位置，如能正常开、停机属正常，如仍是停机频繁，很有可能是机械部分或触点出了故障，可拆下温控器检修、调整。

（2）电机超负荷

①故障分析：用户在使用冰箱时放入了过量的物品，热负荷超过系统产生的冷量，或是电源电压下降，使电机电流急剧上升，热保护器就会动作，保险丝熔断，电机停转，若长时间故障没排除，电机长时运转后绕组将被烧毁。

②排除方法：减少热负荷，注意电源电压变化。

（3）过热保护异常

①故障分析：压机电流正常，但热保护器连续跳开。

②排除方法：更换热保护器。

3.其他原因引起的突然停机

冰箱一般都是由温度控制器来控制压机的开、停，当箱内温度降到所要求的温度时，温控器自动停机，这是正常的，不要误认为是故障，检修时要特别注意判别。

案例四　压缩机启动不起来

压缩机启动不起来，可能是电机、电气或机械方面多种原因造成的故障，检修时，需分步检查才能找出根源。

1.检查电路电源是否接通

①故障分析：压缩机不启动，一般都能从电源电路上表现出来，如断电、开关接触不

良、保险丝熔断等,发现这些现象要综合分析,查找出根源加以排除。

②排除方法:a. 检查输入电源电路是否有电,即进入闸刀开关的线路是否有电,一般可用万用表和测电笔测定。发现熔断丝烧断,应查明原因,按规格换上新的熔断丝。b. 检查压缩机附件,包括过热保护和继电器,过热保护损坏会导致压缩机不能通电。继电器不起作用一般表现为压缩机通电后,电机不转,并会发出"嗡嗡"的噪音,这种情况应立即停机,否则时间过长会烧毁电机绕组。c. 查看各接头的触点是否完好,插头是否紧合,有无损坏。如果接头中有接触不良,电动机也会不转或发出"嗡嗡"响声。

2. 检查电路电压是否正常

①故障分析:电压明显低于额定值时,电机就不易启动,并发出"嗡嗡"响声。

②排除方法:用电压表测量电压,若属低电压,指导用户购买稳压器升高电压值进行运转。

3. 检查各继电器的触点是否接通

①故障分析:有时由于感温包制冷剂泄漏等原因会引起触头接点断开。

②排除方法:拆下继电器盒盖查看触头,如果是跳开的,则说明原调定值未调好,或是感温包内感温剂泄漏,可旋动继电器的调节旋钮至低温标度区域。看触头是否闭合,若不能闭合,拆下感温盘并浸入温水中,再看触点是否动作,若还没有动作,可初步判定是感温剂泄漏,必须更换新温控器。

4. 电机及电气方面的故障

(1) 电机绕组烧毁或匝间短路

①故障分析:当电机绕组烧毁或匝间短路时,往往会出现保险丝反复熔断的现象,特别是一推上闸刀开关就熔断。

②排除方法:用万用表检查接线柱与外壳是否短路,如是短路或某绕组电阻小,说明绕组、匝间有短路现象,绝缘被烧毁。检查时也可用兆欧表测其绝缘电阻,若其电阻低于2 $M\Omega$,则说明绝缘层已被击穿。如压机烧毁,可更换压机。

(2) 控制继电器故障

①故障分析:一般易出现触头过热、烧毁、磨损等现象,这些现象会使触头接触不良。

②排除方法:拆下修理或更换新的。

(3) 温度控制器触头接触不良

①故障分析:一般有触头烧焦或感温剂泄漏等。

②排除方法:更换新的。

(4) 检查各接线头是否有脱落或断开现象,并检查其他电气方面有无不正常现象等。

(5) 压缩机机械故障

①抱轴:大多由于润滑油不够引起,润滑系统油路堵塞或供油中断,润滑油中有污物、杂质,使黏性增加等都会导致抱轴。镀铜现象也会造成抱轴。

②卡缸:由于活塞与气缸之间配合间隙小,或因为金属热膨胀而卡死。

卡缸、抱轴故障判断：在电冰箱通电后，压缩机不启动运转，仔细听压缩机即可听到轻微的嗡嗡声，过热保护启动器几秒钟后动作，触点断开。如此反复动作，压缩机也不启动。

案例五　压缩机不能停机

压缩机有时会出现连续运转现象（数小时或不停地运转），如果不是放入食品过多，一般有两种情况：制冷系统正常，箱内温度极低，很有可能是控制系统有故障；控制系统正常，则是制冷系统或其他方面有问题。

1. 温度调整不当

①故障现象：温度旋钮在强冷点，此点为速冻点或连续运转点，其关机温度太低，电冰箱不能停机，温度越来越低。

②排除方法：看温控器旋钮是否在最冷点，如果是则需进行调整。

2. 温控器失灵导致不能停机

①故障分析：温度控制器失灵，会使压缩机连续运转，并使箱内温度降得很低，一般是温控器接点不能断开。

②排除方法：拆下温控器检查，如失灵可更换新的温控器。

3. 制冷系统蒸发温度过高，制冷量降低，造成不能停机

①故障分析：在制冷系统中，制冷剂泄漏和系统堵塞等会直接影响制冷量。制冷量减少，箱内温度达不到额定值，温控器不能动作，压缩机连续运转，系统中蒸发温度过高时，温控器感温包内感温剂温度也高，无法切断电源停机。

②排除方法：如发现制冷剂不足，可加注制冷剂；系统堵塞，可拆开系统清理堵塞部分；蒸发温度过高，可通过适当调整制冷剂的量来解决。

4. 箱体绝缘层损坏、门封损坏所致不能停机

①故障分析：当箱体绝热层绝热效果降低或门封不严时，箱内冷量损失严重，温度升高，使压机连续运转。

②排除方法：检查绝热层受损部位，改善绝热条件。箱门变形、门封不严的，整理门封或修理箱门。

5. 用户箱内放置食品过多、过密，造成通风不良或温控器探头感温差，造成不能停机。

6. 环境温度高，通风条件差，散热不良而造成的不能停机。

7. 风门失灵

①故障现象：无霜间冷式冰箱感温风门卡住或开度过小，使冷气循环不良，冷藏室温度偏高。

②排除方法：将感温风门拆下，进行检查调整。

8. 风扇失灵

①故障现象：间冷式冰箱的冷风吹送靠一小风扇，若风扇不转或转速不够，冷风对流不足，冰箱内温度下降慢，导致不能停机。

②排除方法：对照电路图检查风扇线路有无故障，用万用表检查风扇电机线圈是否

烧毁、短路,看风扇是否有冻住不转现象。

案例六　电冰箱漏电

1.轻微漏电　由于受潮使电气绝缘降低导致的轻微漏电。

手触金属部分有发麻的感觉,用试电笔检查有亮光,对此首先确认接地是否良好,若是接地良好,则应马上停机用万用表检查线路电气绝缘性能,并更换受损配件。

2.严重漏电　由于电气故障或用户自己安装插头接线错误而使冰箱外壳带电,十分危险。

手不可触摸箱体和门拉手,也不敢接触金属部位,用试电笔测试有强光,用万用表检查插头与箱体间电阻为零,严重时,保险丝烧断。由此推断三孔插头、火线与零线可能接反,接地保护的插头部分可能与火线相连。或者是室外供电线路的火线与零线因故对调,而室内线路中的三孔插座未变,使零线变为火线。

案例七　电冰箱震动及噪音过大

1.放置不当　地面不平:冰箱放置不稳,开机容易产生震动和噪音。底角螺丝未调水平:冰箱底角的几只调平螺丝未调好,冰箱即使放置在水平地面上也会产生振动与噪音。

2.压机异常噪音　因机壳内三只悬吊弹簧失去平衡,碰撞壳体,发出撞击声。有时压机零件磨损也会引起噪音。

3.管路共振和零件松动　因管路密集不合理或零件松动而引起振动与噪音。

在运转中手按振动部分,当用手按住其中某一部分时,振动明显减小或消除,找到声源。若箱底水平调节螺丝不平,可在电冰箱顶部放置水平仪进行检查、校准。压缩机产生噪音时可用橡皮锤或用手锤垫以木块从机壳侧面不同处进行敲击,以判定是否是悬吊弹簧不平衡或卡住。

实训提示

1.在相同条件下,同一种制冷剂的饱和压力和饱和温度要一一对应。

2.制冷机特点:漏油就漏氟。

3.在制冷过程中不要把温度开得太低。

4.当制冷机出现故障时,制冷剂在循环系统中的某一处的热力状态一定不正常。

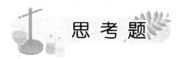

思 考 题

1.医用制冷设备的故障应如何检查?

2.医用电冰箱常见故障有哪些?

3.医用电冰箱不制冷的原因有哪些?应该如何维修?

项目八 计算机硬件安装

实训一 中央处理器及主板安装

实训目标

1. 知识目标

（1）熟悉微型机硬件组装中的 CPU 及主板。

（2）熟悉微型机 CPU 及硬盘作用、组装一般流程和注意事项。

2. 技能目标

（1）掌握计算机 CPU 及硬盘安装方法。

（2）能够动手配置、组装计算机 CPU 及硬盘。

实训相关知识

中央处理器（Central Processing Unit，CPU）是电子计算机的主要设备之一，是计算机中的核心配件。其功能主要是解释计算机指令以及处理计算机软件中的数据；主板，又叫主机板，安装在机箱内，是计算机最基本的也是最重要的部件之一，主板一般为矩形电路板，上面安装了组成计算机的主要电路系统，一般有 BIOS 芯片、I/O 控制芯片、键盘和面板控制开关接口、指示灯插接件、扩充插槽及插卡的直流电源供电接插件等元件。

实训器材

组装计算机的工作台、带磁性的十字镙丝刀、计算机 CPU、风扇、主板。

实训内容

1. CPU 的安装

以桌子为工作台，还要准备一块绝缘的泡沫或海绵垫用来放置主板，主板的包装盒里就有这样的泡沫。在 CPU 上有几个金属小点,金属小点对应着 CPU 下层缺针的地方,如图 8-1 所示。主板上 Socket 插座周边有缺口,与 CPU 的缺口相对应,如图 8-2 所示。只要 CPU 与插孔的金属触角位置相对应,就表明 CPU 安装的方向正确。

图 8-1　CPU　　　　　　　　　　　　图 8-2　Socket 插座

　　安装 CPU 时先拉起插座的手柄及卡盖,如图 8-3 所示。然后将 CPU 放入插座中,注意要放好,如图 8-4 及图 8-5 所示,要使 CPU 与 Socket 相对应吻合,特别需要注意 CPU 缺口与主板上的插槽缺口的对应,如果不对应 CPU 的针脚就有可能被压弯或压断,因此安装 CPU 时一定要注意。然后 按垂直方向轻轻地往下压,但不能太用力,然后把卡盖合上,再把手柄按下扣好,如图 8-6 及图 8-7 所示,这样 CPU 就被牢牢地固定在主板上了,如图 8-8 所示。

　　安装好 CPU 后,还要安装 CPU 风扇,不同 CPU 风扇的安装方法也不同。

　　从包装盒内取出与 CPU 配套的风扇,风扇固定在一个金属散热器上,如图 8-9 所示,安装风扇之前,需要在 CPU 表面均匀涂抹一层散热硅脂,以增强 CPU 的散热效果。在 CPU 插槽的四周的主板上有四个螺口,将与风扇连在一起的金属散热器与 CPU 相对应,风扇上的四个螺丝与主板上四个螺口对应,然后将其放在上面,如图 8-10 所示,安装

图 8-3　拉起 CPU 手柄　　　图 8-4　安装 CPU　　　图 8-5　CPU 放入插槽后效果

图 8-6　压下 CPU 手柄

图 8-7　扣上 CPU 手柄

图 8-8　CPU 安装效果

时要注意方向,以便插风扇电源线。用螺丝刀分别把这四个螺丝拧紧即可,如图 8-11 所示。再将风扇上的电源接头插到标有 CPU FAN 字样的三针插槽上,如图 8-12 所示,到此 CPU 及 CPU 风扇就安装完成了,如图 8-13 所示。

图 8-9　CPU 风扇

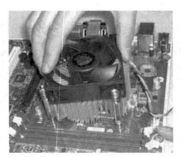

图 8-10　将风扇放到主板上对应的位置

图 8-11　固定风扇

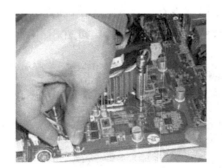

图 8-12　插上风扇电源

图 8-13　风扇安装效果

2. 内存的安装

在主板上,安装内存条的插槽有三种。目前最常用的是 DIMM 槽,有 168 和 184 线两种规格,分别对应的是 SDRAM 和 DDR 内存,下面我们以 DDR 内存条为例介绍内存条的安装过程,如图 8-14 所示。

首先用手掰开插槽两边的两个灰白色的固定卡子,如图8-15所示,记住一定要掰到底否则内存条可能装不上,接下来就可以安装内存条了,安装内存条时,注意内存条缺口要与插槽缺口对应,如图8-16所示。你只需用两只手拿住内存条的两边,然后均匀用力将内存条压到底,如图8-17所示,插槽两边的固定卡会自动卡住内存条,因此当你均匀用力将内存条插到底后,将会听到"咔"的一声响,表明内存条已经安装好了,如图8-18所示。若取下时,只要用力按下插槽两端的卡子,内存条就会自动被推出插槽了。

图8-14　DDR内存条

图8-15　掰开插槽两边的卡子

图8-16　将内存条的缺口与插槽的缺口对应

图8-17　将内存条用力插到底

图8-18　内存安装效果

如果想发挥主板双通道的效果,需要安装两根内存条,这时要注意两根内存条必须是同一品牌、同一型号,两种规格不同的内存条是不能同时安装在一起的,因为它们的工作速度是不相同的,如果把它们安装在一起,系统会不稳定,甚至无法启动,如图8-19所示。

图 8-19　两根内存条安装效果

3. 主板的安装

在完成了 CPU 和内存条的安装后,就可以把主板装入机箱了。 机箱如图 8-20 所示。在安装主板之前我们需要把主板挡板上的风扇安装上去,风扇安装过程如图 8-21、图 8-22 及图 8-23 所示。

图 8-20　机箱

图 8-21　机箱风扇

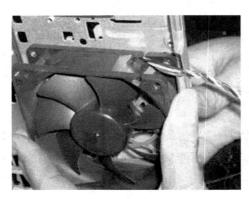

图 8-22　把机箱风扇放到挡板相应的位置

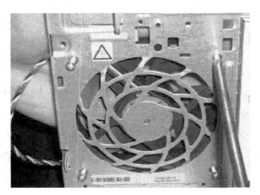

图 8-23　固定风扇

（1）主板安装步骤

①查看机箱底板上螺丝定位孔的位置，以便安装螺丝。机箱底板上的螺孔较多，如果不知道底板上的哪个螺孔与主板螺孔对应，可以先将主板放到机箱底板上，在相应的螺孔上做个标记，然后再将主板拿起来。

②打开机箱的后挡板，安装螺丝的底座。定位金属螺柱和塑料定位卡是在机箱底板上固定主板的紧固件，各种定位金属螺柱、塑料定位卡和螺丝钉由机箱供应商与机箱配套提供。原则上来说，最好的方式是使用定位金属螺柱来固定主板，只有在无法使用定位金属螺柱时才使用塑料定位卡来固定主板。仔细查看主板就可以发现其上有许多固定金属螺柱来固定主板。如果孔对准但是只有凹槽，表示只能使用塑料定位卡来固定主板。

③依照主板的螺丝孔位置，安装 4 ～ 6 个螺丝底座。

④将主板放入机箱中，如图 8-24 所示，注意主板上的定位孔与机箱底部的定位孔相对应，查看主板的外设接口是否与机箱后对应的插孔对齐了。一定要让主板的键盘口、鼠标口、串并口和 USB 接口与机箱背后挡板的孔对齐，如图 8-25 所示。主板要与底板平行，决不能搭在一起，否则容易造成短路。

⑤用螺丝固定主板，如图 8-26 所示。

图 8-24　把主板放入机箱中　　图 8-25　主 板 的 外 设 接 口　图 8-26　固定主板
　　　　　　　　　　　　　　　与机箱后面插孔对齐

（2）主板安装注意事项

①有些主板上的定位圆孔周围未镀金属接地层或绝缘层，此类定位孔最好使用塑料定位卡；如果使用金属螺柱，注意不要使主板上的印刷电路与金属螺柱、螺丝接触而产生短路，否则会对主板造成损坏。因此，必须用纸质绝缘垫圈加以绝缘后，再用螺丝固定主板。

②应尽量使用与本机箱配套的金属螺柱和塑料定位卡，不同机箱的金属螺柱和塑料定位卡的高度不一定相同，若使用了不同高度的金属螺柱和塑料定位卡，安装后的主板表面不平会导致很多故障，如内存条、显示卡与其插槽接触不好，主板变形等问题。此外金属螺柱和塑料定位卡的高度与本机不合适，还会造成安装困难。

③主板和机箱底板之间的固定点只有几个金属螺柱和塑料定位卡。主板下面的支撑点太少,在主板上插拔板卡和内存条时,会造成主板变形。经常插拔板卡的用户,最好在主板和底板之间垫一些硬泡沫,以便减少压强。可用小刀把硬泡沫的厚度削得与主板和底板之间的空间高度相等。小块的泡沫要分散一些,但不要垫在CPU和北桥等发热量大的器件下面,以免影响散热。

④在安装之前,要释放身上的静电,可先洗手或双手触摸一下接地的金属,以免损坏电脑器件。

思 考 题

1.CPU在安装的时候要注意哪些问题?是如何安装的?

2.内存条是如何安装的?安装时需要注意哪些事项?

3.主板的安装过程中应注意哪些事项?

实训二　驱动器及电源安装

实训目标

1. 知识目标

（1）熟悉微型机硬件组装中的驱动器及电源。

（2）熟悉微型机驱动器及电源的作用、组装的一般流程和注意事项。

2. 技能目标

（1）掌握计算机驱动器及电源的安装方法。

（2）能够动手配置、安装计算机驱动器及电源。

实训相关知识

硬盘是计算机最主要的存储设备。硬盘是由一个或者多个铝制或者玻璃制的碟片组成。这些碟片外覆盖有铁磁性材料。绝大多数硬盘都是固定硬盘，被永久性地密封固定在硬盘驱动器中。光驱是电脑用来读写光碟内容的机器，也是电脑里比较常见的一个部件。随着多媒体的应用越来越广泛，光驱在计算机诸多配件中已经成为标准配置。

电源是一种安装在主机箱内的封闭式独立部件，它的作用是将 220 V 交流电通过一个开关电源变压器转换为 +5 V、-5 V、+12 V、-12 V、+3.3 V 等稳定的直流电，以供应主机箱内主板、光驱、硬盘驱动器及各种适配器扩展卡等系统部件使用。

实训器材

组装计算机的工作台、带磁性的十字镙丝刀、计算机电源、硬盘、光驱、软驱、显卡。

实训内容

1. 硬盘安装

市场上的硬盘有两种接口：一种是 IDE（并口）接口，如图 8-27 所示；另一种是 SATA（串口）接口，如图 8-28 所示，SATA 硬盘具有传输速度快、安装方便、容易散热和支持热插拔等优点，因此 SATA 硬盘更受欢迎。但是并非所有的主板都支持 SATA 硬盘，一些老主板并不直接支持 SATA 硬盘，若想使用 SATA 硬盘，则必须配备一块 SATA 接口才行。

数据线接口 电源接口	电源接口
	数据线接口

图 8-27　IDE 硬盘　　　　　　　图 8-28　SATA 硬盘

单硬盘安装

对于单硬盘的安装，SATA 盘与 IED 盘在安装方法上并无区别，只是安装以后两者之间的连线不同。下面以希捷 SATA 盘为例介绍单硬盘的安装过程。

①首先熟习一下硬盘后面的数据线接口和电源接口，然后单手捏住硬盘，对准安装插槽后，轻轻地将硬盘往里推，直到硬盘侧面的四个螺丝孔与硬盘支架上的螺丝孔对齐为止。应注意的是手指不要接触硬盘底部的电路板，以防止身上的静电损坏硬盘，如图 8-29 所示。

②硬盘到位后，上螺丝固定，如图 8-30 所示。硬盘在工作时其内部的磁头会高速旋转，因此必须保证硬盘安装到位，确保稳固。硬盘的两边各有两个螺丝孔，因此最好能上四个螺丝，并且在上螺丝时，四个螺丝的进度要均衡，切勿一次性拧好一边的两个螺丝，然后再去拧另一边的两个。如果一次就将某个螺丝或某一边的螺丝拧得过紧的话，硬盘可能就会受力不对称，影响数据的安全。

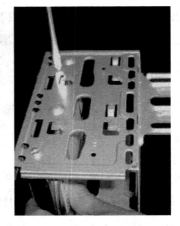

图 8-29　把硬盘放入支架内　　　图 8-30　把硬盘固定到支架上

③将装有硬盘的硬盘支架放入机箱内相应的位置卡好，如图 8-31 所示，用螺丝把硬盘支架固定在机箱上，如图 8-32 所示。

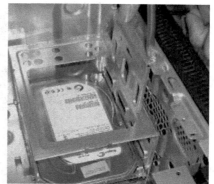

图 8-31　把支架放入机箱　　　　图 8-32　固定硬盘支架

2.光驱安装

光盘驱动器包括 CD-ROM、DVD-ROM、康宝和 DVD 刻录机等,它们的外观安装方法基本一样。下面以 DVD-ROM 光驱(如图 8-33 所示)为例介绍安装的方法。

(1)首先熟习一下光驱后面的数据线插槽和电源插槽,然后拆掉机箱前方的固定架面板,把光驱从机箱前方插入机箱,插入时要注意光驱的方向,现在的机箱大多数只需要将光驱平推入机箱就行了,如图 8-34 所示。

数据线接口　电源接口

图 8-33　光驱　　　　　　　图 8-34　安装光驱

(2)固定光驱:在固定光驱时,有的光驱直接用扣拴住即可,这种最简单,如图 8-35 所示,但是有的光驱要用螺钉固定,每个螺钉不要一次拧紧。如果在拧紧第一颗螺钉的时候就固定死,那么当你拧紧其他 3 颗螺钉的时候,有可能因为光驱有微小位移而导致光驱上的固定孔和框架上的开孔之间错位,导致螺钉拧不进去,而且容易滑丝。正确的方法是把 4 颗螺钉都旋入固定位置后,调整一下,最后再拧紧螺钉即可。

3.软驱安装　现在电脑的标准配置一般都不设软区,但作为电脑发展的一个历史过程,这里再简单介绍一下。

(1)首先熟习一下软驱后面的数据线插槽和电源插槽,如图 8-37 所示。

图 8-35　光驱固定　　　　　图 8-36　光驱安装效果

（2）打开机箱，找到软驱安装槽，然后将与安装槽相对的机箱面板上的挡尘板取下，把软驱推入安装槽，注意正反面，一般带字的一面是正面，正面是朝上的，如图 8-38 所示，放置到位后，用螺钉固定，如图 8-39 所示。

（3）注意事项

正确地使用软驱对于延长软驱的寿命是非常必要的。使用时请注意：不使用有物理

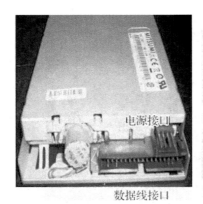
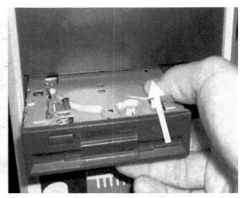

图 8-37　软驱　　　　　　　图 8-38　安装软驱

图 8-39　固定软驱

损伤、受潮、磁层脱落的软盘；软驱读写数据时，不要强行取出软盘；定期清洗磁头。

4. 双外部存储设备安装

有时候需要在一根 IDE 数据线上连接两个存储设备，如两个硬盘、两个光驱或一个硬盘一个光驱，这时该怎么来安装呢？

（1）确定机箱电源能满足新增外部存储设备电源需求

一般机箱中的电源输出功率都在 200 W 以上，按理说，加块硬盘应该没问题。但如果已使用了耗电量大的显卡，又加装了 DVD 等，那么就要考虑电源是否还能再提供 12 W 左右的功率去支持一块硬盘。

（2）确定尚有空闲的 IDE 接口插座和数据线

现在的电脑主板都能提供两个 IDE 接口，可接两根双插头的 40 芯数据线，挂 4 块 IDE 兼容设备。按一般的配置，两根电缆可接四块诸如硬盘、光驱或 ZIP 高密软驱等 IDE 设备。

（3）具备上述基本条件后，就可进行主、从状态的设置和安装

首先，进行主、从盘设置。所有的 IDE 设备包括硬盘都使用一组跳线来确定安装后的主、从状态。硬盘跳线器大多设置在电源连接插座和数据线连接插座之间的地方，通常由 3 组（6 或 7）针或 4 组（8 或 9）针再加一个或两个跳线帽组成。另外在硬盘或光驱正面或反面一定还印有主盘（Master）、从盘（Slave）以及由电缆选择（Cableselect）的跳线方法。

其次，在主、从盘设置好后，按单硬盘安装方法完成第二个外部存储设备的安装。要注意的是：双硬盘安装前，必须进行主、从盘设置，这样安装后才能被系统接纳正常使用。对于 SATA 接口双硬盘安装无需设置。

（4）安装时需注意的问题

如果新增加的硬盘与光驱等设备一起接在第二数据线上时，要注意光驱等设备的主、从盘设置不应与新加硬盘相冲突，否则也会出现主板检测不到新增硬盘或者找不到原光驱的问题。一般情况下硬盘和光驱可以根据其在机箱中的安装位置就近连接，但考虑到不同型号、规格的硬盘以及硬盘与光驱之间的数据传输率不同，所以可根据具体 IDE 设备的实际情况连接。

5. 电源安装

一般情况下，我们在购买机箱的时候可以买已装好了电源的机箱。不过，有时机箱自带的电源品质太差，或者不能满足特定要求，则需要更换电源。由于电脑中的各个配件基本上都已模块化，因此更换起来很容易，电源也不例外，电源如图 8-40 所示。

电源安装步骤如下：

（1）将电源放进机箱上的电源位置，并将电源上的螺丝固定孔与机箱上的固定孔对正，如图 8-41 所示。

（2）先拧上一颗螺钉固定住电源（不要拧紧），然后将其余 3 颗螺钉孔对正位置，再分别拧上螺钉。安装螺钉时，应遵循对角安装，逐步拧紧的原则，不要一次性把螺钉拧得过紧，如图 8-42 所示。

图 8-40 计算机电源

图 8-41 将电源放入机箱

图 8-42 固定电源

6. 显卡及其他扩展卡安装

显卡可以有独立显卡和集成显卡,独立显卡就是安插于主板扩展插槽的显卡,一般性能比集成显卡强大。集成显卡是集成在主板上或者内置于显示芯片上(CPU 里带的集成显卡),一般性能不是很强大,只能满足一般应用。显卡都由许多精密的集成电路及其他元器件构成,这些集成电路很容易受到静电影响而受损。市场上主流独立显卡有两种规格:一种是 AGP 插槽的显卡;一种是 PCI-E 插槽的显卡。这里以 AGP 显卡为例介绍独立显卡的安装方法,如图 8-43 所示。

(1)准备好需要安装的 AGP 显卡,在主板上找到相应的插槽,然后将主板上的 AGP 插槽与机箱后面对应的挡板取下,如图 8-44 所示。

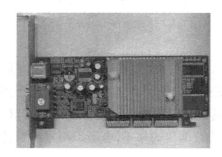

图 8-43 AGP 显卡

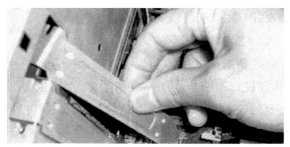

图 8-44 取下挡板

(2)将显卡对准并插入主板的 AGP 插槽中,在插入过程中要把显卡以垂直于主板的方向插入到 AGP 插槽中,用力要适当并且要插到底部,如图 8-45 所示。双手捏紧显卡边缘竖直向下压,以确保显卡与插槽的接触良好。

(3)确认显卡完全插入槽后再用螺丝固定显卡,固定挡板时要松紧适度,使之不影响显卡插脚与 AGP 插槽的接触,以免引起主板变形,如图 8-46 所示。

声卡及网卡的具体安装方法及步骤与显卡相同。目前声卡及网卡基本上都集成在主板上,可以满足一般电脑用户,一般情况下无需安装。如果确实需要安装,在安装声卡或网卡之后,如果主板上有集成声卡或网卡,则需要在 BIOS 中把集成声卡或网卡屏蔽掉。

图 8-45　将显卡插入 AGP 插槽中

图 8-46　固定显卡

 思 考 题

1.硬盘安装主要有哪几项工作？

2.如果要安装双硬盘或双光驱要注意哪些问题？如何安装？

实训三　电脑内部及外设连线

实训目标

1.知识目标

（1）熟悉微型机硬件组装中的连线。

（2）熟悉微型机连线流程和注意事项。

2.技能目标

（1）掌握计算机连线方法。

（2）能够动手连线。

实训相关知识

电脑内部连线就是电脑内部主板、电源、硬盘、光驱、软驱、机箱面板之间的线路连接。外部设备是指连在计算机主机以外的设备，外部设备简称"外设"，是计算机系统中输入、输出设备（包括外存储器）的统称。对数据和信息起着传输、转送和存储的作用，是计算机系统中的重要组成部分。在安装电脑时，外设连线主要指显示器、鼠标、键盘与主机的连接。

实训器材

组装计算机的工作台、带磁性的扁口镙丝刀、计算机显示器、鼠标、键盘。

实训内容

1.连接主板电源线

（1）从机箱电源输出中找到主板的电源插头和 12 V ATX 电源插头，如图 8-47 所示，这两个 ATX 电源插头必须同时接到主板上，否则不能正常开机。

（2）在主板上找到电源插槽，将主板的主电源插头插到主板电源插槽中，使两个塑料卡子互相卡紧以防止电源线脱落，如图 8-48 所示。

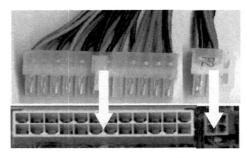

图 8-47　主板及 ATX 电源插线和插口

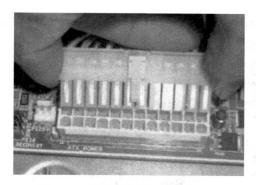

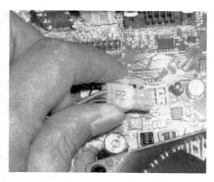

图 8-48　将主板电源插头插到主板　　　图 8-49　将 ATX 电源插头插到主板上

（3）在主板上找到 12 V ATX 电源插头的插槽,然后将 12 V ATX 电源插头插到相应的插槽中,如图 8-49 所示。

2.硬盘连线

（1）SATA 硬盘数据线和电源线的连接

①首先找到 SATA 硬盘数据线和主板上的 SATA 硬盘数据线插槽,如图 8-50 及图 8-51 所示。

②SATA 硬盘数据线插到 SATA 硬盘数据线接口上,如图 8-52 所示。

③SATA 硬盘数据线的另一端插到主板上 SATA 硬盘对应接口插槽中,如图 8-53 所示。

图 8-50　SATA 设备数据线　　　　　图 8-51　SATA 接口插座

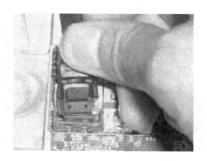

图 8-52　连 SATA 数据线到硬盘　　　图 8-53　连 SATA 数据线到主板

④在机箱电源上找到 SATA 硬盘电源插头,如图 8-54 所示;然后插到 SATA 硬盘的电源接口上,如图 8-55 所示。

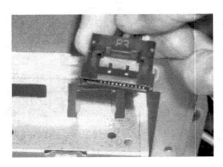

图 8-54　SATA 硬盘电源插头

图 8-55　连接 SATA 硬盘电源线

(2) IDE 硬盘数据线和电源线连接

①首先找到 IDE 硬盘数据线和主板上的 IDE 硬盘数据线插槽,如图 8-56 及图 8-57 所示。

② IDE 硬盘数据线插到 IDE 硬盘的数据线接口上,如图 8-58 所示。

③ IDE 硬盘数据线的另一端插到主板 IDE 硬盘对应的接口插槽中,如图 8-59 所示。

④在机箱电源上找到 IDE 硬盘电源插头,然后连接到 IDE 硬盘的电源接口上,如图 8-60 及图 8-61 所示。

图 8-56　IDE 设备数据线

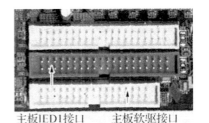

主板IED1接口　　主板软驱接口

图 8-57　IDE 接口插座

图 8-58　连 IDE 数据线到硬盘

图 8-59　连 IDE 数据线到主板

图 8-60　IDE 硬盘电源线　　　　图 8-61　连接 IDE 硬盘电源线

　　SATA 硬盘数据线的两个接头插在对应的硬盘接口和主板接口上,不必担心把数据线的两个接头插反了,因为反了根本插不上。IDE 接口插座上,一般都有一个缺口和 IDE 硬盘线上的防插反凸块对应,以防止插反。如果 IDE 线无防插反凸块,在安装 IDE 线时应本着以 IDE 线上有"红线一端对电源接口"的原则来进行安装。光驱连线与硬盘连线方法相同。

　　3. 软驱连线

　　IED 软驱数据线是 34 芯数据线。硬盘和光驱数据线是 40 芯数据线。连线步骤如下:

　　(1) 首先找到软驱数据线和电源线,如图 8-62 及图 8-63 所示。

　　(2) 将软驱数据线上带有裂缝且交叉的一端插到软驱数据接口中,如图 8-64 所示;将数据线的另一端插到主板上软驱数据线插槽中如图 8-65 所示。注意:数据线插头的缺口应与接口及插槽的缺口要对准。

图 8-62　软驱电源线　　　　图 8-63　软驱数据线

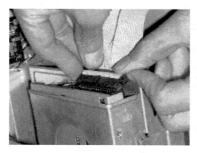

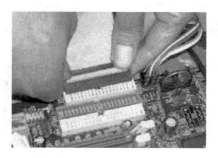

图 8-64　将数据线插到软驱上　　　图 8-65　将数据线插到主板上

（3）在机箱电源输出端找到软驱电源插头，把软驱的电源插头插到软驱电源接口中，如图8-66所示，到此软驱连线完成，如图8-67所示。

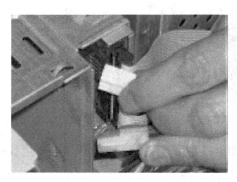

图8-66　连接软驱电源线

图8-67　软驱连线效果

4. 机箱面板与主板连接

在安装主板时，难点不是将主板放入机箱中，并固定好，而是机箱连接线该怎么连接。下面就让我们先来了解一下机箱连接线。

（1）PC喇叭的四芯插头，实际上只有1、4两根线，一线通常为红色，它是接在主板Speaker插针上的。这在主板上有标记，通常为Speaker。在连接时，要注意红线对应1的位置（注：红线对应1的位置——有的主板将正极标为"1"，有的标为"+"，依情况而定）。

（2）RESET接头连着机箱的RESET键，它要接到主板上RESET插针上。主板上RESET针的作用是这样的：当它们短路时，电脑就重新启动。RESET键是一个开关，按下它时产生短路，手松开时又恢复开路，瞬间的短路就使电脑重新启动。偶尔会有这样的情况：当你按一下RESET键并松开，但它并没有弹起，一直保持着短路状态，电脑就不停地重新启动。

（3）ATX结构的机箱上有一个总电源的开关接线，是个两芯的插头，它和RESET的接头一样，按下时短路，松开时开路，按一下，电脑的总电源就被接通了，再按一下就关闭，但是你还可以在BIOS里设置为开机时必须按电源开关4秒钟以上才会关机，或者根本就不能按开关来关机而只能靠软件关机。

（4）这个三芯插头是电源指示灯的接线，使用1、3位，1线通常为绿色。在主板上，插针通常标记为Power，连接时注意绿色线对应于第一针（+），如图8-68所示。当它连接好后，电脑一打开，电源灯就一直亮着，指示电源已经打开了。

图8-68　电源指示灯

（5）硬盘指示灯的两芯接头，一线为红色。在主板上，这样的插针通常标着 IDE LED 或 HD LED 的字样，连接时要红线对一。这条线接好后，当电脑在读写硬盘时，机箱上的硬盘指示灯会亮。有一点要说明，这个指示灯只能指示 IDE 硬盘，对 SATA 硬盘是不行的。

接下来我们将喇叭、复位等控制连接端子线插入主板上的相应插针上。连接这些指示灯线和开关线是比较繁琐的，因为不同的主板在插针的定义上是不同的，究竟哪几根是用来插接指示灯的，哪几根是用来插接开关的都需要查阅主板说明书才能清楚，另外主板的电源开关、RESET（复位开关）这几种设备是不分方向的，只要弄清插针就可以插好。而 HDD LED（硬盘灯）、POWER LED（电源指示灯）等，由于使用的是发光二极管，所以插反是不能闪亮的，一定要仔细核对说明书上对该插针正负极的定义。如图 8-69 所示为前面板连线图。

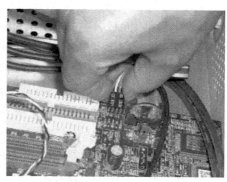

图 8-69　机箱面板连接线

有些电脑机箱板面连线是一个插针，这样我们在安装时就更方便了，只需按要求把它插到主板上标有 PANEL 的对应位置即可，如图 8-70 所示。

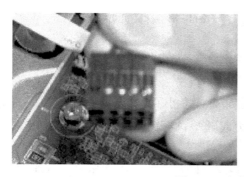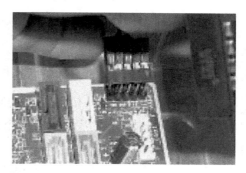

图 8-70　机箱面板连接线

（6）USB 接口连线

首先要了解一下机箱上前置 USB 各个接线的定义。红线：电源正极线（接线上的标识为：+5V 或 VCC）；白线：负电压数据线（标识为：Data- 或 USB Port-）；绿线：正电压数据线（标识为：Data+ 或 USB Port+）；黑线：接地线（标识为：Ground）。现在基本上都采用了防呆式的设计方法,一般的机箱都将前置 USB 的连接线做成了一个整体,大家只有以正确的方向才能够插入 USB 接口,方向不正确无法接入,因此只要在主板上找到相应的插针,一起插上就可以了。如图 8-71 及图 8-72 所示。

图 8-71　USB 接口连线　　　　　图 8-72　USB 连到主板相应位置

最后检查一下机箱内的各个配件是否已连接好,然后再将数据线和电源线整理一下,用线卡将电源线、面板开关、指示灯和驱动器信号排线等分别捆扎好,做到机箱内部线路整洁、美观、牢靠,这样有利于主机箱内的散热。在合上机箱侧面的挡板时应再仔细检查一下各个部件的连接情况,确保连接无误后,再装上机箱侧面挡板,如图 8-73 所示,用螺丝固定机箱的侧面挡板,如图 8-74 所示,再盖上面板。

图 8-73　合上机箱侧面挡板　　　　图 8-74　拧紧机箱螺丝

5.外设安装

(1)显示器安装

①观察显示器底部卡口。在显示器的底部有许多小孔,其中就有安装底座的安装孔。此外,还可看到显示器的底座上有几个突起的塑料弯钩,这几个塑料弯钩就是用来固定显示器底座的。

②安装底座。第一步是将底座上突出的塑料弯钩与显示器底部的小孔对准,要注意插入的方向。第二步是将显示器底座按正确的方向插入显示器底部的插孔内。第三步是用力推动底座。第四步是听见"咔"的一声响,显示器底座就已固定在显示器上了。

③连接显示器的信号线,把显示器后部的信号线与机箱后面的显卡输出端相连接,如图 8-75 所示,显卡的输出端是一个 15 孔的三排插座,只要将显示器信号线的插头插到上面,然后旋紧螺丝即安装完成,如图 8-76 所示。插的时候要注意方向,厂商在设计

插头的时候为了防止插反，将插头的外框设计为梯形，因此一般情况下是不容易插反的。如果使用的显卡是主板集成的，那么一般情况下显示器的输出插孔位置是在串口1的下方，如果不能确定，那么请按照说明书上的说明进行安装。

④连接显示器的电源。将显示器电源连接线插到电源插座上，显示器就可正常工作了。

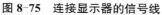
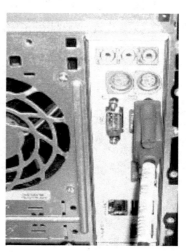

图8-75 连接显示器的信号线   图8-76 连接后效果图

（2）连接键盘、鼠标

键盘和鼠标是现在PC中最重要的输入设备，必须安装。键盘和鼠标的安装很简单，只需将其插头对准缺口方向插入主板上的键盘和鼠标插座即可，如图8-77、图8-78及图8-79所示。

现在最常见的是PS/2接口的键盘和鼠标，这两种接口的插头是一样的，很容易弄混淆，所以我们在连接的时候要看清楚。一般紫色插座为键盘插座，绿色插座为鼠标插座。

图8-77 鼠标连接   图8-78 键盘连接   图8-79 鼠标、键盘连线图

最后将主机和显示器分别接上电源，然后按下主机前面的开机按钮，电脑就能正常启动了，接下来就可以安装操作系统和应用软件了。

思 考 题

1. 主板与面板主要有哪些连线？各起什么作用？

2. 用同一条数据线连接硬盘和光驱时，应该如何操作？

参 考 文 献

［1］刘新德,刘淑华,等.电冰箱快修技能图解精答.北京：机械工业出版社,2010

［2］吴萍.电冰箱冷柜维修一本通.福州：福建科学技术出版社,2010

［3］孙唯真,王忠诚.电冰箱与空调维修.北京：电子工业出版社,2011

［4］王锐,程海凭.医用超声诊断仪器应用与维护实训教程.北京：人民卫生出版社,2011

［5］张学龙,温志浩.医疗器械概论.北京：人民卫生出版社,2011

［6］邸刚,朱根娣.医用检验仪器应用与维护.北京：人民卫生出版社,2011

［7］颜谦和,颜珍平.计算机组装与维护案例教程.北京：机械工业出版社,2010

［8］严圣华.计算机组装与维修.北京：北京理工大学出版社,2010

［9］周忠喜.医用治疗设备.北京：人民卫生出版社,2011